U0719569

街角咖啡馆，遇见弗洛伊德

王方／著

中国财富出版社

图书在版编目（CIP）数据

街角咖啡馆，遇见弗洛伊德／王方著．—北京：中国财富出版社，2015.7
（和心理学家有个约会系列）
ISBN 978－7－5047－5723－4

Ⅰ．①街…　Ⅱ．①王…　Ⅲ．①心理学—通俗读物　Ⅳ．①B84－49

中国版本图书馆 CIP 数据核字（2015）第 113417 号

策划编辑	张　娟		**责任印制**	何崇杭
责任编辑	张　娟		**责任校对**	饶莉莉

出版发行	中国财富出版社		
社　　址	北京市丰台区南四环西路 188 号 5 区 20 楼	**邮政编码**	100070
电　　话	010－52227568（发行部）	010－52227588 转 307（总编室）	
	010－68589540（读者服务部）	010－52227588 转 305（质检部）	
网　　址	http：//www.cfpress.com.cn		
经　　销	新华书店		
印　　刷	北京京都六环印刷厂		
书　　号	ISBN 978－7－5047－5723－4/B・0437		
开　　本	710mm×1000mm　1/16	**版　　次**	2015 年 7 月第 1 版
印　　张	12	**印　　次**	2015 年 7 月第 1 次印刷
字　　数	165 千字	**定　　价**	28.00 元

自　序

当出版社编辑要求我为这部小书写个序的时候，我觉得有些茫然。当我终于坐下写的时候，就像我平时写作一样，很多东西就会不断地涌出来，使我不知写什么好了。精神分析常要求来访者进行自由联想，那么，我就干脆自由联想一番吧。

首先，我好喜欢出版社为这本书定的名字：《街角咖啡馆，遇见弗洛伊德》！这个名字至少反映出两个事实：其一，这些文章都是平时的随笔，是有感而发，非命题作文的结果。有些在咖啡馆里出笼，有些在飞机或候机厅里而就，更多的是在夜深人静时有感而发，当白天发生的事情使我心潮难平、思绪被激发，而且刚好自己还有精力的时候，于是手握一杯咖啡，伴着星星伴着月亮伴着女儿均匀的呼吸和睡梦中的咯咯笑声写出来的。其二，如果真的能够在街角的咖啡馆遇到弗洛伊德，我愿意在那里等到地老天荒来和那个"世纪大脑"相遇。我一生没有追过星，没有过其他偶像，唯有弗洛伊德是我的偶像！世界上，有很多人做出过更加惊天动地的事情，而他的伟大在于创立了一种思维方法，一种认识人的方法，并把它发展壮大。他的理论和方法也许不够完美，精神分析历经120年的发展，理论和方法都已经完美和丰富了许多，可如果弗洛伊德说他是精神分析的创始人，谁敢和他争呢？而且，他所创立的精神分析也成了我一直以来的激情之所在。

心理学是个严肃的学科，但心理学又存在于我们的日常生活里面，所以心理健康的重要性就在于不健康的心理会影响我们生活的方方面面，我们的心情、幸福感、为人和处事的能力、学习的能力和未来的成就以及躯体的健康。就在今天开始写这个序之前，我在《精神病学时报》（*Psychiatric Time*）上看一篇抑郁症和肥胖的文章。暂且不提糖尿病、高血压、癌症等和心理健康的关系，单单肥胖对身体就会有很多潜在的威胁，这已经是众所周知的常识了。我致力于心理治疗的临床工作二十多年，并无野心和奢望，只希望以自己的绵薄之力，对前来求助的人们能有所帮助，不辜负他们对我的信任，在每个我接触到的人的——和其他人一样不易的——人生中，帮助他们实现一些好的改变。

　　书里的这些文章，很多是在和来访者工作的过程中产生的灵感、情绪和思想的产物。所以，我首先要感谢我的来访者，是他们使我的生命充满了意义和成就感，看到来访者的成长和好转是我能期望的最好的礼物。感谢他们对我的信任，以及他们在我写作的过程中给予的肯定和反馈。另外，我还要感谢我的朋友和同事，你们的鼓励和肯定，对于我的意义是你们不知道的。在国外寂寞的生活里，没有你们，我的生活得少多少色彩啊。当然，还有我的家人，感谢你们支持我并原谅我花时间和精力追求那些"不实用"的东西，原谅我把该洗的碗碟放在一边不管不顾，看那些"没用的"书，在电脑上码那些没人会看到的文字。特别感谢出版社的张娟小姐，如果没有她的一再说服，没有她的信心和耐心，这本书不可能出版。也感谢出版社那些没有见过面但对我抱有信心的所有人，谢谢你们的付出。

　　另外，感谢愿意阅读此书的所有读者，我将这些短文献给你们，希望你们能喜欢。

目 录

三万七千英尺之起伏

慢慢起步，滑翔，加速，冲刺，起飞，拉升，拉升，再拉升，直到三万七千英尺之上，进入平稳的飞行。这个过程中，外面的风景在不断变化，甚至让人目不暇接，有时则令人惊愕不已，充满着险情。

三万七千英尺云层之上的风景是令人惊叹的，不由得令人开始想象天堂的模样。如果有幸坐在窗边，我会一直盯着那厚厚的形状各异的云层，想象如果自己真的能够飞，在云层中穿飞的那种感觉。

但实际上自己并不能飞，所谓飞在空中，只不过是坐在一个叫作飞机的大盒子里的一个座位上，让飞机带着你去它要去的地方（恰好你也要去那里），对整个飞的过程（除了选择乘坐这班飞机之外）自己并没有任何的主动权。

况且，必然地，又要进入下降，下降，再下降，着陆，减速，滑翔，停止的过程。

当我努力地压抑着自己不平静的心情，怔怔地望着窗外的云层，想象着曾经发生和即将发生的事情的时候，忽然感到飞行的旅程竟和人生有着那么多的相似之处。必然、偶然、变化，得到的和失去的，在人生这个旅途中的起起伏伏。我们努力去改变想改变的东西，去获取想获取的东西，有时，确实达到了目的，但更多的时候，则是被动地应对，被生活带动着，到达某个地方。有欢乐，有痛苦，更多的是无奈，是忍耐。这难道是生活或者生命的常态？芸芸众生中，有多少人能活得畅快淋漓？有多少人有勇气活得畅快淋漓？又有多少人能够不顾别人的感受，为了自己的畅快淋漓而不惜踏碎别人的心肝？一般的人，都在超我、自我和本我之间平衡往复，只有极少数的人能够置道德、规则于不顾，只为了本我欲望的满足，或者，在内在病理的驱使下，达到一个癫狂的状态。

飞机的升与降和人生的起伏和变化无常是如此相似。这一刻春风得意，呼风唤雨，下一刻说不定就是穷困潦倒，甚至成为阶下之囚；这一刻山盟海誓，浓情蜜意，下一刻也许就各奔东西，各自消失在茫茫人海之中，甚至因爱生恨，反目为仇；这一刻你意满志得，心情舒畅，下一刻也许就陷入深深的忧郁。人说世事难料，也许就是说影响事情发展的因素很多很多吧？当这些情况出现时，就需要根据具体的情况来适应，这就是所谓的 resilience（回弹性）。

当飞机着陆，飞机上共度这个旅程的人，怀着各自的爱和恨，希望和期待，消失在人海之中，开始了下一段或顺利，或艰难的旅程。

失恋以后怎么办

在《失恋33天中》，当黄小仙的闺蜜要求黄小仙原谅她的时候，黄小仙将一个玻璃杯猛地摔在地上，指着地上的碎片说，如果这满地的碎片能给我说声原谅我，我就原谅你。

失恋以后，人确实有那种破碎成千片万片的感觉，怎么可能复原？

但是，人不是玻璃杯。玻璃杯是无生命的，它只能被动地接受外界施加给它的力量。人是不同的，人是感情的动物，但也是有理智和意志力的生命，或许可以主动地、一片片地拣起散落满地的"心"的碎片，将他们，再一片片地、慢慢地黏合起来，纵使有千万道的疤纹，仍然可以用这个破碎过的"心"延续你的生命，或许，更精彩的生命，或许，比以前的"心"更加结实、坚固。

失恋以后该怎么办？用那句说得俗了但确实是那么回事的话，就是因人而异。之所以要因人而异，是因为每个人的经历、背景、性格、优势、弱点和拥有的社会支持都是不一样的，分手的原因也各不相同。但是，有一些方面是共性的或值得加以注意的，下面就列举一些：

　　切断关系。当分手以后，无论多么不情愿，多么留恋过去，都应尽量和过去一刀两断，因为你将进入一个戒断期，而戒断期间任何和你要戒断的东西的接触都会延长戒断期或者前功尽弃。所以，你应搬出你们共同居住的地方，尽量地不和对方联系，将对方的照片、以前送给你的礼物，以及能够唤起你们恋爱的所有的东西都收起来。将对方的电话从手机里删除，将 MSN、skype、QQ 等社交账号也统统封存。当然，如果你们有一些具体的事务没有了结，比如房子或财产的问题，你可以保留对方的电话号码（但不要储存在手机里）和电子邮箱等联系方式，以方便联系。你还要停止追踪对方的踪迹，包括网上的踪迹，停止去你们过去经常去的地方，以免唤起过去的种种回忆。

　　当然，并不是你将永远不在和对方联系，当你从失恋的痛苦中恢复过来（也许不是完全恢复或忘记，等到你能够比较从容、坦然地面对对方的时候，再进行联系。那时候，再去回想过去的这段关系，可能就不仅仅是痛苦了。

　　接受现实。失恋后，一件比较难以做到但又不得不做的一件事请就是接受。你不愿接受，你想复合，你想哀求对方再给自己一个机会，你保证下次一定会做得更好一些，你答应以后一定不让对方生气，一定改正自己所有的"缺点"，一定什么都听他/她的，只求能和他/她在一起，只要没有这失恋的痛苦就行。可是，人的情感，尤其是爱情，是无法强求的。爱情一旦消失了，或者转移了，就像一团被风吹散的烟，要想重新把它聚合在一起，几乎是不可能的。当然，或许，你们之间今后又重新冒出新的火花，那是以后的事情。所以，现在尽量地接受现实，即使有痛苦。

　　有人建议可以有一次的尝试，但仅限一次。我认为，对是否进行这一次的尝试也要慎重。因为，如果你仔细想一下，你们的分手绝不是发生在一夜之间，这之前有过多少小的分分合合？有过多少次的矛盾冲突？你对彼此性格的差异及不和谐一无所知吗？还是一直都用"性格互补"等来欺骗自己？你对她/他出轨的迹象一点都没察觉吗？还是你一直回避不愿意相信的事情？……当问过自己这些问题之后，你的答案是什么？所以，复合可能意味着将来又一次的破裂，又一次的痛。

哀悼你的痛苦。有人说，失恋给人的创痛仅次于爱人死亡。但是，配偶死亡后，你可以想象他（她）仍然爱着你，想象有一天你会和他（她）在天堂相遇，重续前缘，并永不分离。他（她）虽然死了，却可以永远活在你的心中，作为一个象征意义的爱人，一个爱的对象，可以永远存在，支持你，安慰你，鼓励你，你可以和他/她对话，可以叙说你的心事，可以到他（她）的墓地看望她/他，寂寞的夜晚，仰望天空的星辰，你可以感觉他/她也在凝望着自己。可以说，你失去了他（她）的肉体，但没有失去他（她）的爱，没有失去爱人这个象征。

失恋不同。那个人虽然仍然存在于世界的某个地方，但是，爱消失了。你可以想象她/他仍然爱着你，但同时你又可能会想到那决绝而去的背影，想象在自己想念她/他的时候也许他/她正在和另外一个人重复着和你说过的山盟海誓，你会感觉自己像个傻瓜。所以，失恋后，你永远失去的是一个爱人。因此，从这一点上来说，失恋的创伤要比爱人死亡更严重一些。

所以，就像哀悼过程有利于从亲人死亡的痛苦恢复一样，为了你自己的，你需要哀悼这个丧失——爱的死亡。有人感到失恋或被人抛弃是一件丢脸的事，是一种个人失败，不愿意让人知道，或者编造理由加以掩饰，将情绪压抑在心里。这样做对自己是没有好处的。那么应该怎样做呢？

你可以哭。放声大哭，关在厕所里哭，哭得天昏地暗，哭得双眼红肿，哭得声嘶力竭，将你的情绪发泄出来。你可以听那些感伤的音乐，将你的情绪在音乐中充分发泄。你可以看关于失恋的书和电影，抒泄自己情感的同时，可以借鉴别人在失恋的时候都是怎么做和怎么"复健"的。但你不能一直沉浸于这样哀伤的情感之中，还要想办法走出来，可以听一些舒缓安定的音乐，或者看一些励志的书和电影。

你可以和朋友交谈。可以向朋友倾诉，也可以只是和朋友出去转转，让朋友无言的友情温暖你在那段感情中凉得透彻的心。很多朋友可能不知道如何面对你的失恋，因为他们可能怕伤害你，所以，你自己开放的态度，有助于朋友帮你渡过难关，你可以听到他们作为第三者的意见（你们热恋时有些意见他们可能不便说出，这个时候反而可以听到他们对你们那段关系的真正看法），或许可以语惊醒梦中人呢。也许他们可以和你分享他们自己类似的经验，帮助你应对目前的痛苦。当然，那些在此时不能给予你安慰，反而使你感到被火上加油的朋友则暂时回避为好。

你还可以和心理医生交谈。有的人因为失恋患上忧郁症等心理疾病不用说，即使你仍然可以较好地生活和工作，但是失恋作为一种特殊和重要的人生经历，是一个很好的机会来了解自我，对你的将来会有很大的帮助，这些只有真正的心理医生才能够做到，更不用说他们会为你提供专业的心理支持，帮助你渡过这个难关，并监督和治疗可能因为失恋而病发的心理疾病了。

失恋后，要允许自己感到伤心、难过。允许自己爱也允许自己悲伤。

好好并小心处理失恋时产生的愤怒、怨恨和后悔等情绪。这是被人"甩"后常有的，甚至是必然会产生的情绪（多少则因人而异）。这些情绪可以是针对对方的，但也可能是针对自己的。其实针对自己的愤怒和怨恨情绪是很常见的，这里又牵涉到复杂的投射和投射认同的关系。针对对方的愤怒和怨恨可能会使你妖魔化对方甚至设想报复对方，有的人甚至会真的采取行动实施报复，由此产生的恶性案件不时会有报导。针对自己的愤怒情绪和后悔，则可能使自己否定自我，影响自己的自我价值感，再加上失恋之痛，甚至做出自伤、自残和自杀的行为，这样的事也时而发生。所以，失恋后，要小心监察自己可能有的这些行为，问一问自己这些行为的来源，找到合适无害的抒泄途径，需要时寻找心理医生的帮助。

好好地思考一下这段恋情。 不错，很多时候理性的思考反而是一种障碍或者是一种防御性的方式，但我们又离不开思考，思考是一个很有用的工具，而失恋是其中一个需要思考而且思考会帮助我们的一个时机。这个时候，尽管自我很大程度上受情绪的控制，但思考正是控制情绪的工具之一。失恋后，特别是等情绪得以平复一些后，应该好好地思考一下过去的那段关系失败的原因，在那段关系里你得到了什么、失去了什么、学到了什么？想一想自己为什么会选择那个人？她/他的哪些地方吸引自己、适合自己？哪些地方不适合自己？选择他/她有没有特殊的原因？有没有无意识的因素？在分手这件事上，自己应当承担的责任是什么？等等。热恋当中，人会变得盲目，过后冷静地思考一下，也许你原来倾心爱的人其实并没有想象的那么可爱，或许这个时候你能够较客观地看待对方，或许那个刻意美化自己的人，原来却真正是个混蛋。这个时候的思考和反省有助于自我的成长和今后的关系。

用文字记录失恋的心情。 文字记录其实也是思考的一个部分，文字记录也可以是情感疏泄的一种方式，有助于整理自己的情绪和思维。写作的过程中有时可以产生新的领悟，也是一个成长和学习的机会。有的人建议失恋后给过去的感情写一封信，到你们常去的地方烧掉它或者埋藏在那里，相当于为过去的感情举行一个告别仪式。

另外，就是对于这些文字记录处理。这些文字不是要留下来煽情和伤感的，当你写完以后就把它收起来收藏起来，把它锁在抽屉里，放在某个地方，甚至保险柜里，总之，你不用每每拿出来边读边伤感。写作的目的是为了整理思绪，获得领悟。当然，若干时间以后，你还是可以拿出来，回味过去的人生和情感，但不要在失恋的恢复期来回味。

不要妖魔化对方。失恋后，为了安慰自己或者为了挽回面子，有时会倾向于把对方贬得一无是处，这样也许会让你暂时感到好受一些，但刻意地妖魔化对方实际上最后会伤害到自己，因为那段感情毕竟你们一起走过，使你的曾经的选择，妖魔化的对方的同时，你会责备自己的判断力，增加自责的情绪。当然如果你不幸遇到的是个混蛋，也没有必要美化他/她。

也不要告诉自己失去了生命的唯一。恋情的产生和时间、地点、当时的际遇等多种因素有关，所谓生命的唯一是天真、童话式的幻想。过去的感情纵使难忘，但随着时间的推移，只要你仍然愿意尝试，那个愿意和你共度一生的人终会出现。失恋不是世界的末日，也不是人生的终点，往前走，风景总是存在。一次失去可以看作一个新的际遇的开始。

所以，失恋后不要封闭自己，你的魅力和优点不会因为一次失恋而消失，给自己也给他人机会。赴新的约会，继续享受生命的美好。但不要为了消除失恋的痛苦而盲目地投入一段新的恋情。

锻炼身体。失恋后（或遇到其他的挫折后），有的人会变得自暴自弃，委靡不振或放纵自己。失恋后，仍然有很多事情可以做，锻炼是其中的一个。锻炼对身体的好处很多，我就不多说了。锻炼还可以使你保持一个积极活跃的生活，帮助大脑平衡激素，调解情绪。锻炼和积极的生活，也可以给自己传达一个正面和坚强的信号，使自己有信心从感情的挫折中恢复过来，重新投入新的生活。所以失恋后，即使你不想锻炼，也应当逼一下自己，不要停止锻炼。

锻炼的方式很多。如果你本来就有体育爱好或特长，不在话下。如果没有，总可以散步、慢跑、瑜伽、去健身等。

学会独立或学会再次独立。 在恋爱（婚姻也是一样，这篇文章也适合婚姻破裂的情景，但婚姻里涉及的因素更复杂一些）中，人们会变得依赖对方，情感上或具体的事情上。失恋后，要重新建立和适应一个人的情形，自己做决定，自己处理喜怒哀乐、自己到各种地方。孑然一身，有时不免会顾影自怜。这可能需要一定的时间适应，但有很多人也欣喜地告诉我失恋（离婚）后自我的成长和自我潜力的发现。

镜子恐惧症

近期收治一镜子恐惧症案例。

镜子恐惧症是对镜子的持续和异常的恐惧，患者害怕照镜子或凝视镜子中的自己。当照镜子的时候，患者会产生过分的焦虑或害怕情绪。患者虽然知道这些害怕是不理性的，但就是无法克服。久而久之，患者会发展出回避行为，比如，将住所所有的镜子都丢掉，回避照镜子的行为，回避到有镜子的地方去。对镜子的恐惧还可能会泛化到对其他有反光的平面的恐惧，比如电脑屏幕、不锈钢平面、水面等。因此，患者的生活会受到很大影响，比如不能和其他人同住，不敢出门，甚至不能去工作或学习。

镜子恐惧症患者对镜子恐惧的原因可能不同，有的人可能在镜子里看到变形、丑陋的自己，有的人可能因为害怕自己变成了吸血鬼或其他内心恐惧的东西，有的人则可能受迷信观念的影响过深，比如相信镜子有摄取灵魂的力量、害怕打破镜子会带来厄运或者相信照镜子可以使人和超自然的力量接触，等等。

在拉康（Lacan）理论的"镜像阶段"（mirror stage），婴儿在镜子中看到自己整体的影响可能会产生害怕自我破碎（self-fragmentation）的恐惧。在有的案例对镜子的恐惧可能和这个阶段发展的不好有关。另外，精神分析家桑德尔·弗伦奇（Sandor Ferenczi）认为镜子恐惧可能和潜意识里对认识自己的恐惧和对自己潜在的裸露癖（exhibitionism）的恐惧有关。

　　镜子恐惧症的治疗可以借鉴对其他恐惧症的治疗方法，比如脱敏疗法、暴露疗法、并结合对潜意识的探讨。

失恋是一种痛

Broken Heart

By Elena

I turned the hand back to the hour,

That for the first time my heart was shattered.

I heard your words like they'd just been formed,

On the moment my hopes and dreams were scattered.

I still remember my nightmares,

The guilt I felt that lingered in the dark.

When every waking day reminded me,

Of wounds opened with every snide remark.

I watch my hands tremble as I write to you,

And as I stumble blindly through my tears,

And see myself so lonely, as I faced my fears.

I see you show no remorse to my crippled form,

Your words got harsher before my eyes.

I shut out the tears with gritted teeth remembering,

That bitter pain came as no surprise.

I set down my clock, the clock back right,

And catch my silver tears in waiting palms.

Your words still haunt me in my sleep,

And are etched across the canvas of my arms.

读到这样的诗，有多少人的记忆重新被激活，忍不住泪沾衣襟？

当看到这个题目，有过失恋经历的人可能都会感到那种透心彻骨的痛又隐隐地升上心头。没有失恋经历的人一定也听说过有的人因为失恋一蹶不振，有的人因不堪思念的折磨或对人性的失望，从高楼一跃而下，有的人想与对方一同殉情，还有的人因爱生恨，向对方泼出硫酸、举起利刃等。但也有的人经过失恋后变得更加透彻人生，通过反省和了解自我，变得更加成熟。

失恋是一种痛，是一种难以用语言表达的痛，中文有心痛、心碎，英文有 heart broken，psychological pain，等等。心理上的痛不言而喻，人所共知，爱和失恋是文学、电影、电视、歌曲等永恒的主题。

失恋后，往往会产生失望、伤心、愤怒、自卑、被羞辱感、自我怀疑等多种负面情绪。过去两个人在一起的情景一遍又一遍地出现在脑海里，去过的地方、用过的东西令人触景生情，正是山盟海誓尚在耳边，物是人非彼此已成陌路，百思不得其解，唯有泪空流。白天浑浑噩噩犹如游魂，夜晚辗转难眠泪湿枕边。注意力、记忆力、思维能力、睡眠、饮食等都受到影响。对前女友（男友）的思念如故却已无处诉说，已经习以为常的耳鬓厮磨、亲密相拥只能在午夜梦回时重现。心里的愤怒无处发泄，甚至无法与人诉说，还要忍受无法排解的深深的寂寞。你在煎熬之中，感叹命运的无常，埋怨人间的无情。

失恋是一种痛。研究者应用 fMRI 研究发现，人失恋时，大脑兴奋的区域和身体疼痛时大脑产生兴奋的区域是重叠的，都在扣带回的前部。因此，用痛来描写失恋的感觉就不用奇怪了。

研究还发现，仅仅让失恋的人想象抛弃他们的情人就可以激活中脑腹侧被盖区。这个区域是和动机和奖励有关的大脑区域，现在认为是和情爱有关的区域；这种想象还可以激活眶额/前额皮层，它们是多巴胺奖赏系统的一部分，和渴望及成瘾有关；被激活的还有和躯体疼痛及悲痛忧伤有关的岛叶皮层和扣带前回。

所以，有人认为恋爱时产生的欣快感和吸毒等成瘾时产生的欣快感类似，而失恋时的痛苦可能是一种成瘾的戒断反应。因此，就像瘾君子在没有毒品时会想方设法得到毒品一样，失恋的人有时候也会想方设法减轻这种反应，比如乞求情人回到自己身边、跟踪情人、一遍遍到两人去过的地方去、一遍遍地看以前的影集和录像等。

如果，失恋是一种戒断反应，无论因为什么缘故失恋，痛苦都是在所难免的（只不过因成瘾的程度大小而不同。抛弃情人的一方显然在提出分手时没有处于对这段感情的成瘾状态，因客观原因分手另当别论。），而且必须经过一定的"戒断期"才能恢复，不可能一下子消失。更有的人为了摆脱失恋的痛苦，迅速地开始另一段关系，这是不明智的，因为这很可能是一个不理智的决定，你并不是真的爱对方或喜欢对方，而是为了消除"戒断反应"的一种生理需求。

用上述理论解释失恋之痛有它的科学道理但未免过于简单了事。失恋的痛不能单纯从生理的角度来解释，心理的因素也有很大影响。比如，在童年时期和父母具有安全的依恋关系的人，对自我的怀疑较少，失恋后恢复得就较快，后遗症也较少。而和父母具有不安全依恋关系的人，因为本身自我怀疑的成分就较多，失恋后往往自责，恢复就较慢，后遗症也就较多，甚至再也难以和其他人建立亲密关系。还有过往的感情经历也会影响后来的经历和感受。

　　人是一种有感情的动物。感情这东西远比身体的痛复杂得多，大脑中与情感有关的区域就复杂很多。而且，情感的形成、发展和结束都涉及复杂的心理和生理因素。但是，就像"戒毒"的痛苦经过一段时间能够减轻和消失一样，失恋的痛苦，假以时日，也是可以逐渐平复的，但确实需要时间。

敏感背后的创伤

曾有人对我说她是个敏感细腻的人，对很多事情都有着深刻的感受，当她这么说的时候，是骄傲的。有很多人是都是这样想的。另一个人对我说，看电影或看电视的时候，即使非常平常的情节，哪怕是儿童看的动画片，都会哭得稀里哗啦，令人好生尴尬。

这样的人也不止一二。

相对于情感缺乏或具有述情障碍的人来说，敏感细腻确实是一种能力。敏感细腻的人能够体会到生活的赠予和缺憾，能感受体会到快乐和悲伤，能够与人共情，能够对事物和经历产生深刻的体验，这些都会成为精神的食粮，在生活中不断地采摘、充实、反思，过一个精神丰富和充实的人生。

但是，如果一个人过于敏感细腻，背后则可能有着没有愈合的创伤（指心理或精神创伤），细微的波动都可能撞击那个没有愈合的伤口，那种疼痛的感觉从内而发，从无意识中而来，扩散到意识的层面变成汹涌的伤感/感伤/回忆，一瞬间的功夫就被这种情绪淹没，变得不可自抑。很经常地，这时候你会失去正常的判断力，和现实的联系中断或扭曲，有时会对身边的人发脾气或者喝酒、抽烟，或者做些其他的事情来发泄或平复自己的情绪。有的人能够对自己的变化有所知觉，大体或隐约地知道为什么，这样的情况下，情绪波动可能会不那么强烈。

那么什么样创伤会有这么强大的影响力呢？一般来讲，那可能是年代久远甚至已经记忆模糊的事情，发生在童年时代的某些重大创伤或者反复出现的小的事件的积累，也可能是长大后发生的特别强烈的创伤或者令自己感到羞耻或羞愧的事情，因为不想让别人知道，而压抑下来，情绪没有得到发泄或处理，更没有得到他人的理解或认可。

精神分析专家费伦奇（Ferenczi）提出"创伤经历原子雾化"（atomization of traumatic experiences）的概念，这是一种形象化的比喻。这个观点结合比昂（Bion）的创伤观点，可以解释为：过去的创伤经历，特别是童年创伤，因为没有能力（没有足够的 α 功能）处理那些创伤，那些创伤于是就一直作为 β 成分存在于无意识当中，这些 β 成分，在成长的过程中，就会产生"原子雾化"，经过原子雾化后，原来孤立的创伤经历，就像原子一样分散到心理功能的各个层面并影响到心理功能的各个方面，这就是为什么一件小事，一个小小的刺激，就能够掀起情感的惊涛骇浪了。

写这些字的时候，电脑里在播放布莱恩·亚当斯（Bryan Adams）的歌曲，其中一首是 *Flying*（内容和本文无关，但声音和旋律很感人），亚当斯带有沙哑充满情感的声音，表现出的不但有爱的激情，还有伤感，这使我想起一个人说的话，她说："我总是用心地去爱别人，付出我的真心，为什么没有一个人愿意长久地留在我身边？难道我真的那么不好？告诉我为什么？是不是我有什么缺陷自己意识不到？"她的声音非常柔和但她的眼泪却源源不断地流下面颊，表明她的悲伤是那么深，深到她心底。我听到的是呐喊，由于在她的成长过程中，从没有人为她感到骄傲，使她无法感到自己是足够好的，是值得别人去爱的，使她怀疑到自己存在的根本，就好比基督教里说的"原罪"，使她感到"天生我就不好吧?"要不，为什么无论多么努力都无济于事呢?

当然，敏感细腻也不一定都是创伤引起的，比如性格（personality）和成长环境（比如父母对事物的反应方式）等都可能是影响因素。

内断于心，自为主持

话说曾国藩派他的得意门生李鸿章去上海就任。李鸿章赴任之前曾国藩约弟子谈心，问李鸿章到任后打算怎么办。李鸿章立即向老师表决心，说我一定要大展宏图，干一番事业。曾国藩说，不要太高调，送你两个字："深沉"。曾国藩在以后给李鸿章的数十封信件里进一步阐述他这两个字的意思，其中一句话最能说明这里"深沉"二字的含义，那就是："内断于心，自为主持"。但在这句话之前，曾国藩已经做了其他的铺垫，就是要在充分听取别人的意见、广纳贤言的基础上，内断于心，自为主持。

一个病人最近学习压力很大，遇到不少挫折，但他是个知道如何寻求别人帮助的人，这是他的长处。当然在各种不同的帮助和他的努力下，终于要渡过难关，可以松一口气了。作为其中的一个帮助者，我深深地为他感到骄傲。

但是，他的求助行为也有一个副作用，就是不同的意见有时让他迷惑，对他的情绪影响也很大。事情过去之后，他问："那时候我为什么总是要找人说啊？你说为什么?"

这就是一个不能"内断于心，自为主持"的例子。广纳贤言当然好，但是如果缺少"内断于心，自为主持"的能力，就会被人牵着鼻子走，一会儿东，一会儿西，左右摇摆。当别人说你好，你就扬扬自得；别人说你不好，你就垂头丧气。我给他说了"内断于心，自为主持"的例子，聪明的他，一下子就理解了。

还有一个人，打电话咨询治疗的事情，说是不知为什么老是和人处不好，而且老是换工作。他问了一下我的情况，听了我简要的介绍，他马上说："你就是个证书型的，没什么经验，我看不适合我。"然后就挂了电话，留下我对着电话发愣，有些不平又有些哑然。虽然我对他不了解，但可以感觉到这是个心有主持的人，但他缺乏的是更多的了解和体验，不能"广纳贤言"，过多地依赖主观臆断且易于妄下结论的人，虽然没有机会进一步了解他，但他不能和人友好相处的症结已可见一斑。

一般来讲，"内断于心，自为主持"是一个人有自信、有主见的表现，但真正的自信来自于有能力倾听别人的意见和不同的看法，因为贤言不是谗言，贤言有好的建设性的意见，同时也会有修正性的意见或相反的意见，有你喜欢的声音，也有你不喜欢的声音。一个人如果心的主持太过，则不是自信而是固执了。固执实际上是对不自信的防御，因为他脆弱的心难以承受别人的批评，而他感觉到的批评有时候可能不过是不同的意见而已，但他会把所有不同的意见都感受为批评、指责、羞辱。所以固执不等于自信，而且恰恰与自信相反。

关于焦虑

　　一个超我极强的焦虑病人，很少体会到满足的快乐，而且控制自己不要太高兴，以免得意忘形，忘了自己的目标。但达到一个目标之后，又会有更高的目标。他认为适度的焦虑有助于成功。

　　真是这样吗？我认为焦虑是人们常见的一种情绪，适度的焦虑有时候确实是必要的，但过度的焦虑确实是对成功（不仅指事业的成功）有负面作用的。

　　这里又牵涉到我们讨论的主观现实（内部现实）和客观现实的问题。就焦虑而言，我们之所以产生焦虑，最终是对内部现实的反应。是的，你可以说我焦虑是因为我站在高楼上往外看；我焦虑是因为我要上台表演；我焦虑是因为那个可怕的大狗就在三米之外；我焦虑是因为我的老板在盯着我看……这明明是外界的事物造成的吗？可是，为什么有的人在这些情境下不焦虑呢？是因为每个人对这些客观现实的解释可能是无意识的解释，你的反应说到底是你对你的内部现实的反应。

　　那么，焦虑减少会影响事业的成功吗？答案不言而喻。因为，焦虑会使

21

你失去正确的判断能力，影响你对他人的反应（人际关系方面的影响），降低工作学习效率。

而且更重要的，焦虑的时候，你不快乐，无法享受生活和工作。你总是感觉在受苦。

焦虑，在很多场合出现，往往是其他问题的表现和主观感受。严重焦虑的背后往往有深度的原因，需要较长时间的心理治疗来找到原因及领悟。

真正的僧人只会和妈妈讲故事一样

一个人在西藏碰到一个喇嘛，在一起吃饭时，周围的人们谈起很多神迹。这个喇嘛笑着听，不作评论。这个人就问喇嘛怎么看，喇嘛说："我不能说这些肯定不存在，我只是说我从没见过。"他夹了一口菜又说，"其实真正的僧人只会和妈妈讲故事一样，只讲普通的人生道理。"

假如普通的人都能见到神迹，按照逻辑，一个侍奉神的僧人不是应该见过更多的神迹吗？但这个朴实的喇嘛的话告诉我们真正的僧人是不哗众取宠的。我真心地喜欢这个僧人，因为他没有为了证明自己比"凡人"更接近神而编造更多的神迹。

很多年之前我参加一个心理治疗方法的学习班时，主讲者也是那种心理治疗方法的创建者。她说她教过很多学生，但有一个是她最喜欢的。有过心理治疗培训经历的人大都知道有时候老师会在单向玻璃的后面观察你的治疗。她说有一次她在玻璃的那边观察一批学生的治疗，都不甚满意，后来这个小女生出现了，她有些拘谨不自信，脸胀得红红的，显然不是那种伶牙俐齿的类型。但恰恰就是这个女生，最用心地在听病人讲话，她虽然话不多，但对病人都给予及时的回应。虽然她的治疗技巧还非常稚嫩，但这位老师认为这个女孩最有成为一个好的治疗师的潜质，因为她最能用心地和病人进行沟通，而且正是因为她的稚嫩，所以她的和病人用心沟通和感应能力是与生俱来的。

这个故事对我的鼓励很大。我从来不是个伶牙俐齿的人，拘谨和羞涩还有些动不动就爱脸红，在国内学心理治疗时，尽管我满腔热忱，但曾被当时心理学界的一个前辈当面说："你看你，怎么能做心理治疗呢？"他的这句话使我很长一段时间怀疑自己职业的选择。而上面这个老师的故事使我坚信，心理治疗并不是长篇演说，倾听和用心沟通更为重要。夸夸其谈其实是大忌。

回想二十多年的经历，虽然因为不够伶牙俐齿吃了一些亏，比如，有些人打电话来会先"考验"你一番。这不能怪他们，谁都想找个自己放心的人，有的人或许因为自己内心的不安全感，难于信任别人，有的人可能寻求的就是大道理，那样会让他们产生崇拜感和放心感。但是对我来说如果通不过"考验"他们就流失了，而他们有些真的是需要帮助的人。这么多年来，我也学了、懂了、悟了、积累了很多的"大道理"，对心理学，夸夸其谈一下已经不成问题，但我还是会坚持诚实不妄言的原则，等待我的病人能先给我倾听的机会后再发言，也尽量用通俗的语言，讲"最普通的心理道理"。几天前，在芝加哥，和一个学心理学的博士生聊天，他说："When I was an undergraduate student, I felt I knew everything about psychology. When I was in the master program, I felt I knew something. Now I am going to get my PhD, I feel I barely know anything about psychology."是啊，心理世界太复杂，从事这个行业越久，就越不敢妄言和夸夸其谈了。每个人都是不一样的，用那些大道理来套不是很危险、不负责任和害人匪浅吗？

　　越发感激那些给我机会倾听他们内心世界的病人，使我有机会和他们用心接触，进行深入的交流。感谢他们的信任！这些是我人生的财富，是他们帮助我成长——专业上和个人心理上，他们使我的人生更加丰富，充满意义，他们是我永不后悔选择这个职业的原因所在。我想世界上不会有第二种职业会让我产生这样多的心灵碰撞，给我这么多的心理奖赏。

云端之上

云端之上，我的座位在两个窗口之间。

一路上都在看随身携带的一本书，没有注意外面的景象。乘务员的声音悠扬响起，通知目的地马上要到了，飞机要开始下降，提醒各位乘客系好安全带。目的地就要到了！心里有了些许的激动伴随着对次日要做的事情的期待及隐隐的焦虑。

抬起有些酸胀的双眼，从前面的窗口望出去，是一望无际的厚厚的云层。那云层看上去很是厚重紧密，是那种有质量的厚重，像是白色的棉絮平铺在眼前，而且是那种白中带点黄色的白色。让人感觉着如果穿过它定会有一定的阻力。不知为什么心中有了一些不安。这种不安并不是让人不舒服的不安，反而带着些蠢蠢欲动，看看到底会发生什么的那种豁出去了的兴奋，脑子里净是些漫无边际的想象。

忽然清醒过来，为自己那些孩子气的可笑的想法不好意思，便偷偷地扭过头去给自己一个"轻蔑的"嘲笑，而这一扭头正好看后面那个窗口中的景象：往后看去，那些云彩是洁白无瑕的，轻柔得令人顿生怜爱之情。非但轻柔，而且是透明的，间隙中可以看到蔚蓝的颜色，那种如果从下面看是天空的纯净的蓝色。再往前看，那云层仍是厚重的。我又往后看去，那边的云层确实是轻柔洁白的！再看看，两边不过隔着一个机翼的距离，景色为什么如此不同？难道是我的幻觉？我有些不相信自己的眼睛，反复地看来看去，耐心的等待机翼往前移动，希望机翼掩盖的那部分是能给我合理解释的过渡的地方。

忽然，我明白了，其实前面和后面的云层并没有什么不同，之所以看上去不同，不过是注视角度不同而已。哈！看云层犹如看其他事物，角度、视野不同，结论不同，感觉亦异矣。

就在我看来看去的当儿，外面的光线变得有些昏暗，雾气腾腾的。然后是粼粼波光一片，密执根湖已尽收眼底。原来，在不知不觉之间，我们已经穿越了云层。原来，穿越，有的时候，就这么简单。穿越并不一定惊天动地，并不一定脱胎换骨，并不一定惊爆眼球。穿越，可以发生在不知不觉之间，就改变了，就从云层之上来到云层之下。

人的改变何不如此呢？

人人都有敏感点

忽然发现自己不怎么喜欢有些人说话的方式，就是说有点狂，有点一下子打倒一大片。什么"你们胡同出来的……""你那胡同脑子……"让人有打他一巴掌的冲动。

我们每个人都有一些敏感点的，只不过多少轻重的差异。所谓敏感点，举个外伤的例子，我想大家都有过经验：当你受伤后，比如小拇指割了一口子，你就特别不愿意碰到它，因为碰到会痛。结果呢，越是不愿意碰到的地方，偏偏处处碰到它，没受伤之前还不知道这么这么重要呢。因此说，敏感点，就是那些碰到会痛，会不舒服的点。

如果说"胡同"里长大的孩子在某些地方感到自卑，有敏感点，那么"大院"里长大的有没有自卑呢？有没有敏感点呢？自然也是有的。你也许认为这不过是推论而已，其实不然，这些年来，各种各样的客人来来往往，从"大院"和"深院"里来的也有一些，他们敏感或感到痛的地方其实和其他人区别不大，同样是多少轻重的不同而已，心理深层次的地方，其实和其他人无异。

这些敏感点对人的影响是不可忽视的。因为这些敏感之处的形成多在心理发育的早期，所以会渗透到人格的各个层面，影响到行为、动机、情感、人际关系、家庭关系、亲子关系。而且，很多时候，存在于无意识之中，使你防不胜防。就像蝴蝶效应，这种影响扩散开去，甚至影响到下一代、再下一代。

有的人，一直都在或补偿或防御或回避那些敏感点中，度过一生。而精神分析很多时候就是帮助人找到这些敏感点，然后帮他正视，进而疗愈。

精神分裂症者的世界

《我从未许诺你一座玫瑰园》（*I Never Promised You a Rose Garden*）一书，是乔安·格琳柏（Joanne Greenberg）的半自传体和成名小说。首次出版于20世纪60年代。小说描写一个患有精神分裂症的16岁犹太女孩，黛博拉·布劳，在精神病院住院的经历。

黛布是个天性敏感、聪明、具有非凡艺术天赋的女孩子，在年幼的时候因为尿道肿瘤做过多次手术。手术经历在一个小女孩的记忆里既是非常恐怖的经历，又有着挥之不去、无法言喻的耻辱感，是她童年时期的主要身体和精神创伤。加上当时反犹太的环境，她在居住的社区、学校和野营中都受到歧视。她从小就感到自己和他人不同，是一个异类，甚至感到自己是有毒性的（poisous），凡是和她接触或要好的人都会被她毒害。她内心非常恐惧但又非常愤怒。耻辱、害怕、愤怒、期待……多种强烈的情绪，无法表达出来，又不知如何应对。由于无法应对在"earth"（现实）上的痛苦，她"创造"出一个幻想的世界"Yr"。在 Yr 里，有它自己的规则和神明，也有自己的语言，只有她自己才明白的语言。

每当她害怕、痛苦的时候，就会把自己"隐藏"在这个世界里。虽然，她"创造"这个世界的目的是为了逃离无法控制的现实世界，为了在痛苦的时候有个可以逃避和得到安慰的地方，但久而久之，自己却被 Yr 所控制，更加无法面对现实世界——earth。

她的精神分裂症的症状是很明显的：幻听、幻视、妄想……她的父母在医生的建议之下，怀着强烈的耻辱感，不甚情愿地将她送往精神病院。他们把精神病院想象成非常可怕的地方，感觉把女儿送往那里是对女儿的一种背叛，而且也不知道该如何向小女儿和家里的亲戚说明。充分地说明精神疾病被浮名化的影响，以及孩子——作为自我的延伸——的精神疾患对父母的自我的冲击。这一点在黛布的父亲身上表现得尤其明显。

精神病院在那个时代，确实是个"可怕"的地方，书中非常详细、真实地描写了精神病院的日常生活、治疗、病人的暴力、病人对待工作人员的暴力、工作人员对病人的漠视、病人的自残行为等，也对各种不同的病人进行了形象、翔实的描写，可以看出作者确实具有第一手的资料和亲身体验。书中，黛布随着病情的波动在不同的女病房里交替。B 病房住着的是"较轻的"病人，看上去病情较轻和较少的暴力；D 病房里住着的是"较严重的"病人。这里用引号说明表面的安静与否并不代表病情真正的严重性，于是，和病人最终恢复的可能性大小（即预后）并无直接关系。

黛布在精神病院除了接受常规的治疗外，还接受一个天才的心理治疗师弗莱德医生的心理治疗（谈话疗法）。药物和其他的常规治疗帮助她控制症状。但是，是她和弗莱德医生进行的心理治疗使她渐渐地（虽然缓慢并有反复）认识到 Yr 其实是她的病的症状，是她对现实的逃避和防御机制。弗莱德医生和她一起探索她的精神疾病的成因，探索她和现实世界和幻想世界的关系。渐渐地，黛布对 Yr 的认识发生了改变，一点点地认识到 Yr 是她的精神疾病的症状和防御机制，慢慢地增加了与现实的接触。

和弗莱德医生建立的信任关系是她康复的重要因素。起初，黛布对弗莱德医生是怀有敌意的，但她们逐渐建立了信任关系，对她来说弗莱德医生成了非常重要的一个人。当弗莱德医生离开的时候，黛布的情绪和行为都发生了变化，她发现其他的医生无法理解她，她无法像和弗莱德医生那样与他们进行沟通。她的自残（用烟头反复烫伤自己，致使伤口化脓，无法愈合）行为也是开始于那个阶段，并且，终于，"火山"爆发了！有了一次强烈的暴力发作。但在后来和弗莱德医生讨论她的病情的时候，她不认为自己比以前更加疯狂，而且弗莱德医生也认同这一点。那个阶段的发作，反而成了一个转折点，她对自己的病情和行为有了较好的把握，知道在什么时候需要医护人员的帮助并主动要求帮助，比如在她感觉不能控制自己的时候，会主动要求一个 packing。她也开始能感到外界变化比如自然界的变化对自己的影响，说明她和现实的距离拉近了。在适当的时候，她主动要求被转到 B 病房，在那里她遇到一个曾经康复出院并在外面找到工作的老病友，最终，她们一起走向康复之路。后来，她能够离开医院，完成高中学业，进入大学深造。虽然在这个过程中，有过短期复发，但她与现实的接触一直都存在。

作者本人有着类似的经历，她曾经因为精神分裂症住在精神病院，在医院里接受著名的精神分析师的心理治疗，在治疗过程中，她也曾经谈到自己的幻想世界以及那个世界的专用语言。作者说她写这本书的目的是因为她发现人们对精神病人和精神病院的误解很多，想告诉人们真正的精神病院生活和精神病人的情况。

这是一本可读性很强的书，但对于对精神疾病了解不多的人，可能感觉艰涩。这部书在 20 世纪 70 年代被改编成电影。还有一首同名的歌曲，也很好听。

分手时善待对方

百年修得同船渡，千年修得共枕眠。

中国人常提缘分，抛开生死轮回不提，在茫茫人海，芸芸众生之中，人和人有缘聚在一起是多么不易，更不用说有缘发展一段感情，产生心心相依、生死不离（即使短暂）的情愫了。

所以，我们应该珍惜这相遇的缘分，不是吗？在一起时，珍惜彼此，要离去时也应善待对方。

如果，你是首先提出分手的那一方，而对方是被动不得已的话，提出分手的一方在处理分手的问题时就应承担更多的责任，更加小心行事，尽量少伤害（如果一点都不伤害是不可能的话）对方。在分手时的关心和体贴不但能够使对方较快地从失恋的痛苦中恢复过来，也可以使对方能够尽快地恢复自信，获得发展下一段关系的勇气，尽快地向前走。因为，当一段恋爱关系进行不下去的时候，对方仍然能够体贴自己，会使失恋后常有的那种感觉自己"一义不值"、被人"弃之如履"的感觉减轻，会感到虽然这段感情没有成功，但自己仍然被人尊重地对待，所以，就较少可能造成在失恋后整个自我轰然倒塌，对自己、他人和爱情产生无法恢复的怀疑和不信任，再也没有勇气开始进入另一段感情。

那是一个曾经给你带来快乐、向往、憧憬的，和你有过一段爱情缘分的人，可能从今以后就永远走出彼此的生命，为了对方以后的幸福，在分手的时候，难道不值得你稍微再费一点心思，为对方着想一下吗？

分手时，善待对方，不但是惜缘，也是惜己的做法。"粗暴"地对待自己曾经爱过的人，使他们后来感到自己是个不够好的人，而自己一直承受着良心的折磨，也不能很好地享受后来的爱情和生活。所以，惜缘，其实就是惜己。

当一段感情逐渐走到尽头，或许需要戛然而止，原因多种多样，也许只是激情没有了，感情被一点点地消耗掉了；也许两人性格不合或其他原因两人虽然还相爱但在一起更多的是相互伤害；也许你有了新欢，感情已经转移，也许是两人无法控制或改变的客观原因……但无论是何种缘故，到了要分手的时候，到底怎样做才好呢？

电影《失恋33天》开头就描写了几种不同的分手方式，一种是冷漠的分手，告诉对方我们分手吧，没有任何解释，然后转身而去，留下对方在那儿既震惊又愤怒；一种是文雅温和的方式，两个人在咖啡馆，一个人说出两个人都早就想说的话，和平分开；一种分手就像一场微型战争，刀光剑影，血雨腥风。而电影的主角黄小仙和男朋友的分手，则是看到相恋七年的男朋友和自己的闺蜜在一起买香水。

还有一些人选择在电话里告诉对方要分手的消息，更有人通过电子邮件甚至手机短信的方式告诉对方。之所以选择这种方式通常是害怕产生冲突，害怕应对对方的反应，或者出于愧疚的心理，不敢面对对方。曾经看到过一篇文章，一个人特意在女朋友上了飞机等待起飞的时间打电话通知女朋友要分手，这样因为环境和时间的关系，女朋友根本无法对此做出任何反应。

诚然，感情是不可勉强的，每个人在结婚前都有选择的权利，但是，对方不是一个物品而是一个有感情的人，为何不能在这时候多一点尊重呢？用邮件、短信或电话的方式通知对方分手，对提出分手的一方感觉容易一些，但对对方可能是难以接受的。

一般来讲，面对面的分手方式是较合适的，这是对对方的一种尊重，把对方放在一个平等的位置上，这不但给对方一个质问和宣泄愤怒、伤心等情绪的机会，也给你自己一个表达关心和善意的机会，即使对方当时不能接受你的善意，但如果你是真诚的，对方将来有一天必然会感念你的体贴，而你自己，也可以不留遗憾地走向人生的下一阶段。当然，如果预测到会有激烈的冲突，则需慎重。

惜缘即惜己。

在渥太华过加拿大国庆日

在密西沙加市（Mississauga）居住的时候，曾带孩子到 1 号广场（Square One）看过国庆日的庆祝活动，回来时孩子拿着免费的小旗子和气球高兴得不亦乐乎。后来，就失去新鲜感，加拿大国庆日只当作又一个假期对待，或聚会，或旅行，或窝在家里放松上两天，不再去凑热闹。

今年，移居渥太华的朋友邀请我们去渥太华过加拿大国庆日长周末，称那里的加拿大国庆日庆祝活动值得一看。虽知道渥太华作为首都庆祝活动或许比多伦多更丰富多彩，但已习惯加拿大"沉闷"生活的我并没有对那些庆祝活动抱多大希望，倒是与老友相见倾诉衷肠以及使孩子们有个兴奋的理由和另样的假日等缘故，使我一直向往着这个长周末的到来。

路上驱车共 5 个多小时。前一天，朋友一再嘱咐不要走 401 高速公路，要走 7 号公路，十分肯定地说我会喜欢沿路的景色。果不然，公路的两边苍翠如玉，到处可见茂密葱郁的森林和碧绿广阔的绿地和田园，马匹和奶牛在栏杆环绕的牧场里徜徉。在接近渥太华的地段，有不少的河流湖泊，平静的水面在夕阳的照耀下波光粼粼，绿色的浮萍和白色的天鹅点缀着湖面，与蓝天白云相映生辉，美丽的景色抚慰着我因长途驾驶而疲倦的双眼和有些烦躁的心情。7 号公路就在这样美丽的景色中蜿蜒伸展。我在脑子里想象着如果从高空俯视该是怎样的画面：一条蜿蜒的丝带在这样深深浅浅的绿色中延伸……霎时间，有些因为这公路对自然景色的破坏而感怀，但想一想人们为自然带来的生机其实也为自然增添了无限的情趣，便心安理得了。正值黄昏时分，前后都没有了车辆，在山头和森林之间穿行的我心里升起一种孤独和隐隐的不安全感，但想到路的尽头是擅长烹饪的朋友所准备的有家乡味道的丰盛晚餐，便被一种温暖所取代了。

与朋友的欢聚、晚餐和浓郁扑鼻的中国白酒不提，单说次日，风和日丽，虽阳光灿烂但不觉炎热，早餐过后就跟朋友一起驱车来到市中心，此时街上早就挤满了庆祝的人群。我们沿着运河往国会山庄前面的大街上走去，运河里已停满各种漂亮的游艇，游艇上装饰着加拿大的国旗或其他加拿大的象征性装饰，游艇上的人们悠闲放松或比基尼或休闲装，令岸上的人羡慕不已。

到了国会山庄前，放眼望去，一片红白色的海洋，人人有备而来，顿时感到自己蓝色的衬衫和牛仔裤与环境有些格格不入。似乎所有的人都处在一种节日的亢奋之中，唯有自己像个旁观者。

纪念碑前，几个年轻人穿着皇家卫队的服装，英气袭人，很多人排着队和他们合影。因朋友带孩子去附近商场买东西，我们一行的其他人都在纪念碑前驻足等候，恰巧遇上跳伞表演的时间。跳伞大约进行了 4~5 次，一个飞机过来，在高空的白云蓝天中，几个携带红白色降落伞的人从飞机上"飘然而出"，"悠然而下"，并释放出带有各种不同颜色的烟雾。最漂亮的是最后的一次，跳伞的人从飞机场依序而出，其中两人呈螺旋式下降，同时释放出五彩的烟雾，在空中则形成一五彩的螺旋，引人入胜。

等朋友回来时，人们已在大街的两旁等候并有警察过来维持秩序。朋友说一定是总督马队要过来了，建议我们就在原地等候。人聚得越来越多，不多时，几辆黑色的轿车开过来，据说是总理史蒂文·哈珀（Steven Harper）的车队。人们翘首以待，总督姗姗来迟，终于总督大卫·约翰逊（David Johnston）及夫人坐着马车缓缓而至。

接下来是国庆典礼，史蒂文·哈珀和大卫·约翰逊都发表了讲话，但我们只能从广场上的大屏幕上看到一二。飞行编队从头顶呼啸而过，竟没有机会抓拍一张照片。然后，我们就沿着大街行走，感受着人们的热情，观看各种各样的活动。这些活动大都是自发的，好像没有什么组织，比如杂耍、街舞等。人们看过表演后大都会纷纷解囊，或多或少奖励他们的精彩表演。

不知不觉来到国会山庄的后面，坐落于渥太华河的旁边。从背面看去，国会山庄显得沉静而宏伟，绿色玉带环绕之上，山庄傲然而立。旁边渥太华河安静而美丽。我更喜欢这背面的景致。沿途而上，又回到连接渥太华河及圣劳伦斯河（St. Lawrence River）的运河。这边的运河，被数道闸门层层拦截，孩子们在闸门上的小桥上来回穿行，玩得不亦乐乎。正是放闸让那些游艇出来的时间，我们又有眼福目睹了整个过程，又是一个小小的兴奋高潮。我有些不知怎样描述这个过程了，就是游艇出来时，当它们到达两个闸门之间的空间时，前面闸门关闭，后面的闸门打开，这样水就流到这个空间，水位逐渐升高，等到水位升到前面闸门一样高时，后面的闸门先关闭，然后前面的闸门再打开，这样游艇就可以到前面的一个空间。这样的空间大约有5~6个的样子吧。闸门的开放都要人工进行。据说运河是以前为了运输方便，人工开掘的，用来连接渥太华河及圣劳伦斯河的，这个仪式大概是纪念活动的一部分。

来到一个公园，我们被一阵喧天的鼓声吸引近来，原来是一个非洲鼓队，有趣的是，他们演出过后，都将硕大的鼓顶在头上，成了一道风景。接下来是入籍合唱团的演出，模仿公民入籍的过程：法官讲话、宣誓、唱国歌。人们都跟着一起唱起加拿大国歌，将爱国的情绪推向高潮。

朋友本计划带我们参观文化博物馆，但走了大半天，孩子们都已有倦意，便决定回程，在往停车出走的路上，渥太华市政厅旁边，一个爵士乐队正在表演，我们在演出棚的后方的草地上稍事歇息走痛了的腿脚，见识了人们对爵士的疯狂。无论男女老少，都随着爵士的音乐舞动。本人虽然喜欢爵士，也有想和他们一起跳的冲动，但还是老老实实地坐在草地上没动，这大概就是东西方人的不同或者没有经过这种文化浸润的结果吧。

晚上，是放烟火的时间，因担心国会山庄人太多，朋友带我们去了附近一个公园。美丽的烟花在暗夜的天空灿烂地绽放，为一个值得纪念的加拿大国庆日画上了一个完美的句号。

生命如树

"Where were you when I founded the Earth··· while the morning stars sang in chorus and all the sons of God shouted for joy?"

——《约伯记》第三十八章

There are two ways through life——the way of nature，and that of grace. 这是电影《生命之树》中主人公奥布莱特的一句话。

《生命之树》是一部很有力量的电影，不管是视觉上还是心理上！

影片中，布拉德·皮特（Brad Pitt）扮演父亲奥布赖恩，是一个具有音乐天赋的勤奋的工程师，他和妻子生活在 50 年代一个小镇——德州韦科。妻子漂亮、优雅，他们很快迎来了第一个儿子杰克的出生。接着是第二个儿子 R. L. 和第三个儿子史蒂文。妻子比较宠爱孩子，是个慈爱、宽容的母亲，而奥布赖恩则严厉、看重权威、不容孩子反抗，孩子们在他面前也诚惶诚恐。奥布赖恩对大儿子杰克尤其严厉。妻子对他的严厉心有不满，但大多数情况下都隐忍不表达出来。而奥布赖恩也不满意妻子对孩子的宠爱，责备妻子放任孩子反对自己。虽然奥布赖恩也是个爱孩子的父亲，但他在场的时候大家都比较压抑。在他离开家出差的那段时间里，所有的孩子以及他的妻子都变得轻松愉快，好像狂欢节一样，杰克的脸上也出现了开心的笑容。那时候，也是奥布赖恩最踌躇满志的时候，他骄傲地向妻儿展示从世界各地带回来的纪念品，似乎他那"努力工作，勇敢地面对各种困难，就能得到你想要的一切"的理论得到了很好的证明。但好景不长，他工作的工厂要关闭，他不得不面临失业或接受公司安排到另外一个地方工作。他不喜欢那个工作，但不得不面对现实，举家迁移。离开的时候，每个人都眼含热泪……再后来，奥布赖恩在家里收到一封信，那封信通知他们二儿子去世的消息。R. L. 死去的时候是 19 岁。影片从这里开始的。

然后就是中年的杰克，一个成功的建筑师，工作在现代化的高层建筑中，周围也被各种各样的摩天大楼环绕。他似乎最近和父亲因为弟弟的事争吵过。影片跟随着杰克的回忆，用一些给人视觉冲击的画面，包括宇宙大爆炸、生命诞生、弱肉强食、自然景色等，故事的叙事也是跳跃甚至穿越式的，有时又是虚幻的，比如杰克穿过一个象征性的木门（使我想起另一个寓言故事），和最后在海边杰克见到所有记忆中的人并将弟弟带给父母等。影片的气氛是忧郁和凝重的。爱、创伤、孤独、痛苦、压力、挣扎，是所有的人都需面对的基本的生存问题，也是打动人的原因所在。

从另一个角度来看这部电影。如果用弗洛伊德的理论看，这部电影把俄狄普斯情结可谓表现得淋漓尽致。

片中大部分的镜头都是杰克和他的弟弟 R. L. 。杰克是父母的第一个孩子，在父母，特别是母亲的呵护下快乐、健康地成长，那可能是他最快乐的一段时光，有许多和母亲在一起的快乐镜头。

很快，随着弟弟 RL 的出生，他不再是母亲唯一的心肝宝贝。有几个镜头是他走向弟弟的小床和他盯着弟弟看的镜头，可以看出对有人分享母亲对他的爱是如此愤怒。他后来对弟弟一直不好，有时会欺负弟弟。但弟弟天性随和，不像他那么有攻击性。再加上弟弟长得更像父亲，也和父亲一样喜欢音乐，又使他心存嫉妒。

杰克对母亲的依恋和母爱的渴望从未减少，他注视母亲的目光，跟随着母亲的身影。父亲去旅行的日子里，对他们就像一个俄狄浦斯盛宴，孩子们和母亲都尽情地享受着。母亲像个小姑娘一样和孩子们一起奔跑戏耍，欢乐的笑声在空中飘荡。杰克的脸上又出现了开心的笑容。

没有父亲的管束，他不但行为做事像父亲——霸道、暴躁，还做了一些"坏孩子"做的事情，比如他闯进一家人的房子，在一个装睡衣的抽屉前流恋忘返，欣赏一件件不同的睡衣：白的、红的、粉红的，最后他偷走了一件白色、透明、性感的睡衣，（当他欣赏一件件睡衣的时候，他脑海里是谁的形象呢？）但因为害怕，他把睡衣扔到了河里。

父亲回来以后，杰克的反叛愈加明显。一次，当父亲躺在车下修车的时候，杰克长时间地注视放在车上的工具的镜头，有心理学知识的人恐怕都会想起俄狄浦斯弑父娶母的故事。还有他对父亲喊出："她爱的只有我一个！""如果你想杀我，就杀死我好啦！"这是他内心对父亲的"恨意"的投射。杰克和父亲的关系似乎一直不好，他对弟弟的死似乎心有愧疚，影片没有交代R. L. 的死因。

影片的最后，杰克将R. L. 交给他的父母，R. L. 和他父母仍然是年轻的样子，说明这都是虚幻的。他的父母拥抱了R. L.，看上去都很高兴。他母亲打开一扇门，R. L. 走了出去，空中响起母亲的声音："我把他给你了，我把我的儿子交给你了。"母亲被两个天使模样的人拥着，她闭着眼睛，脸上没有表情，但表现出的内心的痛苦震撼着每个人的心灵。

　　我一直在想影片为什么叫《生命之树》？是因为影片中那棵引起杰克联想和回忆的树？还是指生命就像大树一样生生不息，且有着自己的生命规律和周期？还是指人的生命其实就像大树上的一个个小果子，其生长生存都要靠大树的滋养，要受更强大的力量（影片中好像指上帝）的控制？那么精神的力量呢？

文化穿越

  这是一本描述生活在两种不同文化之间的经验和感受的书，是由克劳汀·C. 奥赫恩（Claudine C. O'Hearn）编辑出版的一本文集，文章的作者都是些作家、专栏作家、诗人、记者，有中国人、日本人、越南人、印度人、非洲人、犹太人。他们都有一个共同之处，就是因为不同的原因，生活在两种文化之间。有的是移民，从一个国家移到另一个国家，由于父母坚持原来的生活习惯和文化，在家里是一种文化，在外面则需要融入新的文化之中，需要不断地在家里和家外进行文化和心理的转换。更多的是混血儿，因为血统的混合，使他们自己在选择身份定位时不知所措。在两种文化之中或之间，他们都经受了不同程度和各种各样的困惑、挣扎、歧视。

  当阅读这本书的时候，心里面不时地会产生共鸣，很多都是似曾相识的经历和心理路程，也使我想起很多病人的挣扎，特别是那些年轻的孩子。这本书里有几个作者是有中国血统的，比如邝丽莎（Lisa See），是《在金山上》（*On the Gold Mountain*）、《上海女孩》（*Shanghai Girls*）等书的作者。《上海女孩》是关于早期中国移民的。但我感到写得最好的是一个越南女孩黎氏艳岁（Le Thi Diem Thuy）写的《加州棕榈树》（*California Palms*）。她的描写非常生动、传神，特别是她想象中，当她离开住的地方，房间就马上翻天覆地，变成越南的样子一段特别精彩。她的想象甚至有些精神病性的妄想，但给人的心理震撼非常强大。

文化的差异和种族的歧视（或者叫做对事物的不同看法和感觉）是普遍存在的，这些作者都可算成功人士，歧视和文化的困惑对他们的影响还如此之大，何况对普通人？何况对那些心理承受能力较弱或者心理有问题的人？我建议感兴趣的人和感觉文化差异对自己影响比较大的人可以看看这本书，一是可以看到歧视和差异的普遍性，多一些接受性。另外也可以从他们的经验中，借鉴一下他们是如何对待歧视，超越歧视，和把文化的差异作为一件礼物，利用它，最终为自己的与众不同感到骄傲的过程。

读这本书也可以帮助理解我们的孩子，理解他们的困惑、困难和他们的了不起。

所有人都带着创伤生活

  《十二月的婚礼》（*A Wedding in December*）是安妮·雪瑞佛（Anita Shreve）的一部小说，以一对中年人的婚礼为线索，描述三个不幸事件对人们的影响。

  婚礼的主角是比尔和布兰琪，他们是高中时期的恋人，但高中毕业后，比尔首先和另一美女结婚。伤心之后，布兰琪也和别人结婚，但她的婚姻不幸福，丈夫出轨抛弃了她和儿子。在一个同学聚会上，他们二人意外相遇，发现双方仍是自己的真爱。于是，比尔和他的妻子离婚，决定和布兰琪在一起，但不久布兰琪被发现患有乳腺癌。她经历了手术、化疗，头发脱落，靠佩戴假发维持形象。在这个过程中，比尔都不弃不离，给予无条件的支持。尽管布兰琪的癌症随时都可能复发，剩下的生命可能很短暂，比尔还是决定和她结婚。婚礼将在十二月份一个老同学诺拉用她家的房子改造的旅馆里举行。

  参加婚礼的主要是他们高中时期的好朋友。这次婚礼，一个特殊的老朋友聚会，使他们无法回避另一个朋友史蒂芬的死亡。史蒂芬是他们同学中最英俊、最聪明、家庭最富有的一位，但他又是一个酗酒者（没人知道他为什么那样）。高中时期，他们这些学生有时瞒着学校在沙滩上一个无人居住的房子里聚会。在一次聚会中，喝醉的史蒂芬发现他最好的朋友兼室友哈里森和他的恋人诺拉在厨房里接吻。他并没有责备他们反而用酒瓶子砸向自己的脑袋并离开。担心他出事的哈里森到处找他，后来发现他站在室外，并且身上有一股臭气。史蒂芬对哈里森说自己拉到裤子里（由于醉酒），要到水边清洗自己，让史蒂芬到房子里给他"偷"一条裤子。正在这时杰瑞过来问怎么回事。为了维护史蒂芬的形象，哈里森不得不赶紧关上门并敷衍杰瑞。等他再回到室外，已经不见了史蒂芬的踪影。他以为史蒂芬等不及已经自己回学校宿舍了。等到他回到宿舍也没见到史蒂芬时，才感觉大事不妙，报告了老师并叫了警察……但史蒂芬的尸体数天后才在一个小岛上被发现。史蒂芬的死给他们这帮朋友留下深深的无法抹去的阴影，特别是哈里森和诺拉。哈里森一直生活在深深的负罪感当中，无法摆脱这种沉重感。诺拉在很年轻的时候，就嫁给一个生性风流且大她很多的诗人。她的婚姻不幸福，但她以一种虔诚的拯救心态和赎罪态度坚持她的婚姻，直到她的诗人丈夫去世。这个房子是他丈夫留给她的，她把它改造成一个旅馆，并和她丈夫去世前的最后一个情人，那个 19 岁的大学生一起经营。

　　第三个事件实际上是通过他们其中的一个朋友艾格妮丝正在写的一个描写哈利法克斯大爆炸（Halifax Explosion，请参见维基百科）的一个小说来反映的。哈利法克斯大爆炸发生在 1917 年的 12 月 6 日，正值第一次世界大战。当一艘载满军火的船和另一艘船相撞后发生了突然的剧烈的爆炸并引起冲击波。哈利法克斯几乎被夷为平地，2000 多人死亡，9000 多人受伤，很多人在爆炸发生时来到窗口查看究竟结果被飞来的玻璃刺破眼睛而失明。她的小说通过一个刚来哈利法克斯实习的年轻眼外科医生的眼睛和体验来描述意外事件的对人们带来的巨大影响和创伤，以及身体创伤和精神创伤对人们今后生活产生的深远持久的影响。

　　过去对哈利法克斯大爆炸没什么印象，看过这部书后，我在网上收集了一些有关的资料，使我对加拿大有了不一样的感觉。以前总以为加拿大是一个从来没有经历过大的战争、资源丰富、少有自然灾害的国家。人们丰衣足食，生活从容不迫，即使有困难还有政府的高福利（高税收之下的）保障。看过这些资料，才发现，就像其他国家和民族一样，哈利法克斯大爆炸就是加拿大的一块伤疤（或许是众多伤疤之一）。

精神分析大师们的恩怨纠葛

从去年开始，我就一直在等待《危险关系》这部电影的上映，而且今天还专门抽出时间一个人去影院看电影。一个人去看电影，对我真是少有的。我习惯一个人做事情，但有两件事从不一个人做：看电影和坐在饭店吃饭（快餐和外卖不算）。不过今天这个电影我可是一直在关注着它的上映时间，今天有空，又找不到人一起去，就自个儿去看了。

为什么一定要看这部电影呢？首先，这是关于精神分析历史上两大著名的人物——西格蒙·弗洛伊德和卡尔·荣格——的关系纠葛。弗洛伊德是精神分析的创始人，而荣格是分析性心理学（Analytic Psychology）的创始人。荣格起初是弗洛伊德的追随者，曾经是弗洛伊德的最得意门生和"钦定"的继承人。但后来却被认为由于二人在某些观点上的分歧，而分道扬镳。荣格不赞成弗洛伊德过于强调性（sexuality）的重要性，而且认为弗洛伊德对无意识的认识过于局限。荣格认为无意识里不但有着被压抑的内容，也是创造性的来源。这些在影片中都有体现。但二人对精神分析的发展都有着重要影响。其次，《危险关系》（*A Dangerous Method*）一书是一个多伦多的作家的作品。它被改编成电影后会是什么样子呢?

电影的开始,是两匹飞奔的黑马拉着一辆马车,车内两个男人用力按住一个拼命反抗的年轻姑娘。她就是荣格著名的病人莎宾娜·斯皮勒林(Sebina Spielrein)。莎宾娜小时候常被父亲用打屁股的方式进行惩罚,是一个歇斯底里的患者。荣格尝试用弗洛伊德倡导的谈话疗法(talking therapy)进行治疗,使她逐渐好转。在治疗的过程中,荣格和莎宾娜发生感情,尽管,荣格富有的妻子用大房子和帆船及孩子等试图挽回荣格的心,荣格也因为害怕丑闻和莎宾娜分开一段时间,但他们的关系一直延续到莎宾娜从医学院毕业,她决然离开荣格为止。影片中有一些虐恋的镜头,就是荣格用打屁股的方法帮助莎宾娜达到性高潮,可能会让有些人感到些许不舒服。莎宾娜后来成为一名医生和史上最早的女性精神分析师,和一个俄国犹太人结婚并移居俄国。

也有人认为在现实中荣格和莎宾娜并没有真正的外遇。

影片中荣格还有另外一个病人——奥图·葛罗斯(Otto Gross)。真实的葛罗斯是个有争议的人物。他的父亲是个科学家,在犯罪学方面很有建树,著有《犯罪学手册》,被称为"犯罪学之父"。但葛罗斯认为父亲很给人压力,和父亲关系不好,后来他染上吸毒的习惯并患有严重的忧郁症。他是一个医生,也是一个无政府主义者并对政治有兴趣,后来成为共产主义的拥护者。在精神分析历史上,葛罗斯被认为是主体间性(intersubjectivity)的最初倡导者。他在治疗病人时主张释放自由,特别是自由的爱,不要压抑个人的欲望。现实中的他也是自由主义的执行者,在两性关系方面非常开放,和多个女性保持关系并育有子女。葛罗斯曾经接受荣格的治疗,据说还曾经当过弗洛伊德的助手。影片中,葛罗斯被弗洛伊德推荐到荣格那里接受治疗,和荣格成为朋友,是荣格和莎宾娜发展婚外感情的支持者。显然荣格受到他的爱是自由的（free love）理论的影响。影片中葛罗斯好像在荣格的医院自杀了。但现实中他并不是在接受荣格治疗的时候去世的。荣格后来认为他的世界观和理论都受到葛罗斯的影响，葛罗斯提出的"inferiority with shallow consciousness"和"inferiority with contracted consciousness"与荣格的心理类型中的 extraverted feeling 及 introverted thinking 相类似。葛罗斯在片中的戏不多，但相信他的形象和观点都给人深刻印象。我感觉葛罗斯在影片中相对于主题情节来说是可有可无的，导演让他出现在影片中的目的大概就是认为他是荣格职业生涯中不可缺少的人物。另外，由于他鲜明的个性，给这个相对枯燥的电影增添了一些戏份。

影片中展示了荣格从对弗洛伊德的敬佩和崇拜到产生分歧的过程以及弗洛伊德从对荣格的欣赏到最后忍痛割爱（将荣格的照片贴在胸口的部位，但最后还是将它和荣格的信一起关在一个盒子里）的情景，让人欷歔两个天才的分离。但是，也许正是因为这种分歧，使得心理学历史上又多了很多丰富的理论。天才的创新正是从旧的知识/体系中孕育产生，并在和旧的知识/体系碰撞中迸出火花并逐渐完善的。

电影名叫《危险关系》，那么，危险在哪里？为什么称精神分析为危险的方法？危险是在做精神分析的过程中，会激发潜意识，陷入强烈的移情（transference）和反移情（countertransference）当中。在精神分析发展的早期，由于理论和方法的不成熟和不规范，分析师不注意病人和分析师之间的界限，把病人当成朋友或者把朋友当成病人，和病人建立过于亲密的个人关系，和病人相互分析，或者朋友之间相互分析，就像荣格对弗洛伊德说的那样："You treat your friend as your patient."因为这样，不但造成分析师和病人之间的关系纠葛和伤害，也造成朋友之间友谊的破裂。另外，在那个年代，很多人在自己没有接受个人分析和足够精神分析训练的情况下就开始分析病人（这和国内现在的情况有些相似），也是潜在的危险之一。这是因为无意识的力量很强大，有的时候，即使分析师也无力反抗。我想弗洛伊德和荣格关系的破裂，还有他和阿德勒、费伦奇关系的破裂都和界限的混淆不清以及移情和反移情有关。

荣格在和弗洛伊德关系破裂之后陷入深度的忧郁之中。他在影片结尾时说的一句话令人印象深刻，他说："Sometimes you do something unforgettable to go on living."也体现人性的复杂和潜在的绝望情绪。

所幸的是，现在，经过一个多世纪的发展，精神分析的方法已经大大地发展成熟，对于分析师和病人之间的关系也有了明确的共识和职业道德规范。现在的分析师在取得精神分析师的资格之前，都需要经过数年的个人分析和职业训练及其临床督导，使得分析师不但更清楚自身的"盲点"所在，也更有能力处理病人的问题以及治疗过程中的移情和反移情。这不仅是对病人的保护，也是对分析师的保护。（这里我使用"病人"这个习惯性的称谓。但由于来做精神分析的不仅仅限于有病的人，所以，更准确规范的说法应该是分析师和被分析者）

再回到电影上来，看完这个电影，我感到意犹未尽的失望。意犹未尽是因为我期待更多的内容，不想让影片结束；而失望可能是我的期待值太高引起的，想一想，一个 90 分钟的电影是不可能把一个精神分析在经年累月中发生的事情及过程真实地展示和描述出来的。就像网上的一个评论说的："I feel I know less about psychoanalysis after watching this movie than before watching it."把它当成一部电影来看，还是蛮不错的，何必太较真呢。

精神分析史上最深刻的思想者

威尔弗雷德·比昂（Wilfred Bion）（1897—1967 年）是一个杰出的精神分析师，曾经是英国精神分析学会的会长（1962—1965 年），晚年移居美国。他的名字以及他的精神分析思想和学说将永远留在精神分析的史册上。他是公认自弗洛伊德以来，精神分析史上最深刻的思想者。

比昂的一生也很具传奇色彩。他在第一次世界大战中就参加战斗，是一位坦克指挥官，由于其出色表现受到嘉奖，在 1921 年退伍时被授予上尉军衔。第一次世界大战后，比昂先进入女王学院（Queen's College）学习，然后进入伦敦大学学院（University College London）学习医学。由于对精神分析一直感兴趣，希望接受精神分析的训练，并终于在 1938 年开始接受约翰·瑞克曼（John Rickman）的精神分析训练，但这次尝试因为第二次世界大战的开始不得不中断。

第二次世界大战中，比昂又应召入伍，并服务于多个军队医院。他这次参军的最大收获在于他在部队这个特殊的环境中开展的小组治疗，以及他对小组动力学的探讨和总结。他把自己的收获总结在《小组经验》（*Experiences in the Groups*）。他关于小组动力关系的理论对当时小组治疗的发展具有重要的影响，即使现在，具有小组治疗经验的人仍然会佩服他的观察力并认同他的观点，仍然是指导认识小组动力关系的重要参考依据。

由于比昂对精神分析的兴趣不减，他在 1946 年开始接受梅兰妮·克莱恩的精神分析（training analysis），他和克莱恩的分析持续到 1952 年，成为一名精神分析师。正是因为这个，他成为克莱恩精神分析学派的拥护者及克莱恩精神分析学派的重要成员。但是，他后来的理论和克莱恩有所不同，但我认为是克莱恩派理论的发展和补充，他仍然认为自己是一个克莱恩派，后来被认为是后克莱恩的一部分。但无论如何，他的思想和观点都令人印象深刻，由于他的理论来源于实践（特别是小组治疗的病人和精神病病人），对临床工作深具指导意义。我自己体会他的理论对理解临床案例很有帮助，特别是对那些过去创伤记忆模糊，但临床症状迁延变化、治疗又比较困难的案例，比如精神病的案例，但不仅仅适用于精神病病人。对理解创伤，特别是早期创伤的影响如何渗透到心理的各个层面并对人产生持续的影响有着重要帮助。

但是，比昂的理论艰深难懂，即使业界的很多人也不免产生畏惧心理，特别是他尝试用数学符号来描述心理世界，对于不喜欢数学的人来说，又多了一层障碍和抗拒心理。说到比昂，首先想到的是他的数学描述和他对宗教的"喜好"，（很多人认为比昂很宗教化，但他自己认为宗教只是幻象）由于这些特征，使得学习他理论的人如果不踏踏实实地去认真地领会和体会，就很难体会到其妙处和精髓，没有精神分析经验的人也无法体会到他的伟大及其妙处。用数学来描述心理现象是比昂试图将精神分析科学化的一种尝试，就像弗洛伊德一样，是他的科学精神的体现。不知比昂最终是否满意自己的尝试，但最后他似乎也抛弃了数学的表达方式，并认为精神分析是属于"神秘科学"的范畴，而通常意义的科学只适用于无生命的范畴，不适用于人的精神（心理）范畴。

比昂的理论包括他对小组动力关系的解释（Group dynamics：Basic Assumptions）和他的精神分析思想比如 O，β 元素（beta－elements），α 元素（alpha－elements），α 功能（alpha－function），抽象的沉思（reverie），双眼单视（binocular vision）以及 L，H，和 K 的关系及转换，还有忠诚（Faith），等等。就我个人体会，这些名词真的是无法用简单的语言来表达清楚的，就像他对 O 的描述那样是妙不可言的，只有对他的理论有了系统和透彻的了解后才能够理解和意会到他们的真正意义。

首先，他对小组动力学的基本假设是：他认为在任何一个小组中都同时存在着两种小组：工作小组（working group）和基本假设小组（basic assumption group）。基本假设小组又有三种：依赖性小组（dependency），争斗－逃跑小组（fight－flight）和配对小组（pairing）。

比昂的思想中的 O 是指发生在我们的过去并对我们的精神世界产生重大影响的事情（这里的重大与否指对精神的意义重大与否），是最终的真相，但具体是什么无法彻底得知，所以是无法言喻的。α 元素，β 元素，α 功能是比昂的假设，是他描述心理世界的尝试，并不是真的存在的元素，但有利于对心理世界、心理现象和临床案例的理解。α 元素是那些经过 α 功能处理的 O 的部分，就是说经过情绪感受（即使只在梦中或无意识的幻想中）的那部分，β 元素是那些没有经过 α 功能的处理或处理不成功的剩下的部分。至于 α 功能，则是心理功能中能够思想的那部分，婴儿最初需要母亲的 α 功能（在白日梦状态中）来帮助自己，所以，母亲的功能可能会影响孩子的今后，孩子和母亲的关系之所以重要，这也是一个方面。梦，无意识幻想，白日梦都是 α 功能。L 指爱，H 是恨，K 是识见（knowledge，非一般意义上的知识）。双眼单视在这里和生物视觉无关，是他的辩证思维的一个说法。Faith

不是信仰的意思，是成为。在精神分析当中，分析师需用自己的 α 功能帮助 α 功能不全的病人，和自己的情感建立联系并逐渐形成能够发生功能的 α 功能。比昂还鼓励治疗师在治疗进程中，放弃自己的知识，和病人一起体验（experience）。治疗师还应利用梦境的灵感来创造治疗策略。

不知道有没有说得清，当然没有。这是过于简单化的解释，但愿能让人感觉到一点点他的理论的特点。

比昂还有一个著名的就是他的网格法（Grid），被叫做转换的工具，"创意"不错，仔细研究一下，也有意思，但我感觉应用价值不大。

最近的闲暇时间都在发扬敢于啃硬骨头的精神用在钻研比昂的理论上，头昏眼花的同时，也被他的思想深深吸引，就好像坐在他的对面听他娓娓道来。写此文作为我对比昂——这个伟大的思想者——的敬仰和推崇。

自尊的"度"

电视剧《鸽子哨》，是关于改革开放后十几年的事，昨天发现它，看了两集，是秦海璐演的，挺有意思，今天晚饭后边收拾边看，又看了一集（没注意是第几集）。秦海璐演的晓菊在下乡的时候受过刺激（差点被人强奸），后来因误解被未婚夫燕平抛弃。改革开放后，她倒卖服装，开服装店，开公司，一心想发财致富，出人头地。她一直都没有结婚，但不乏爱慕对象。刘哥，一个大款和高干子弟就是其中之一。

其中有一个情节，晓菊（秦海璐）生意失意时和刘哥聊天，刘哥说：我就是不明白为什么你们从胡同出来的自尊心就那么强？放下自己，会有多少实惠啊？（原句可能不是这个，但意思差不多。）晓菊说：我们除了自尊，还有什么？没了自尊，不是什么也没有了吗？

结合上下剧情，我一下子对有些人过强的自尊心有了"切身"的感受和理解。以前，也明白这个道理，就是过强的自尊心的表现，其实是对低自尊的过度补偿，但当看着这个电视剧，渐渐地融入了剧中的角色中，则有了类似感同身受的体验，明白和理解了那些过于敏感，自尊心过于强烈的人的内心感受。那是一种痛苦的体验，那是因为自卑，因为害怕别人看低自己，因而对有可能被看低的信号过于敏感。

我想，这里关于自尊有个"度"的问题。如果自尊过低，可能会自暴自弃，或者陷入深度忧郁。自尊如果不低或者"适中"也不会出现所谓自尊心过强的现象，因为他（她）对自我的评价良好、适中，独处和与他人在一起时都感觉舒适。他（她）开得起玩笑，能自嘲能幽默，既经得起表扬，也能坦然接受别人的合理的批评和意见。只有在自尊不是很高，且对自己（尤其自己的某些部分）的感觉还不错的情况下（self－esteem 是比较深层的东西），就是还比较自负的情况下，而且又有要求上进的愿望，特别想将事情做得完美无缺来使他人印象深刻的时候，才会出现那种自尊心过于强烈的情况。

当情况比较不严重时，有可能对一个人的事业有一定的促进作用（当然不等于不痛苦）。当这种情况过于严重时却可能会让一个人"瘫痪"。比如因为怕不能将事情做得完美无缺，怕不能给他人留下深刻的印象，结果就不去做，或者无法提交自己的报告、计划和作品，结果不得不辍学或失去工作。这样的例子临床上是很常见的。

Self-esteem 在字典里也翻译为自尊心。但心理学上所讲的自尊心和我们常说的"某个人自尊心很强"中的自尊心含义是不一样的。心理学上的自尊心好像是"自己尊重自己"的意思，我有时把它译为"自我价值感"。而日常用语中的自尊心好像可以解释为"希望得到别人尊重的心理或愿望"。

梦境背后的焦虑

当初《阿凡达》上映时，好多人都给我推荐说这是一部非看不可的影片，制作非常精美。我虽口头上一直说好好好，但都没有去看，辜负了朋友们的一片好意。但是，心里一直都想知道这部影片到底好在哪里。有一次买了一个DVD，想回家来看，可又有人说在家里看就没有了影院的效果，就搁在那里一直没看。今天帮孩子找《功夫熊猫2》没找到，却翻出了《阿凡达》，就忙里偷闲和孩子一起看了一遍。

确实使人印象深刻！影片拍得美轮美奂，丛林中那些发光的植物，简直就是童话的世界，是梦的世界。可以想象，如果在影院里看3D的电影，那效果肯定非常棒。

看完这部电影就好比从一个美丽的梦境中醒过来，而这个梦境是编剧、导演、演员、美术设计等共同打造的。这是一个灿烂的梦！说它是梦境首先因为它是现实无法满足的愿望在梦境中的满足。杰克，一个下身瘫痪的前海军陆战队员，为了替代他去世的孪生兄弟，来到一个叫做潘多拉的星球。在现实中，杰克下肢瘫痪，甚至没有真正的身份，是他孪生兄弟的替身。他之所以能够离开那个环境几乎被破坏殆尽的地球来到潘多拉，是因为他有着和哥哥一样的 DNA。但是，他没有哥哥的博士学位和训练，在格蕾丝的科研团队里只能当个保镖。不过，杰克有着无与伦比的勇气，正是这点，他得到部落公主及首领的青睐和信任。

对比一下杰克在现实中和"梦境"中的生活就不难发现现实和"梦境"生活的天壤之别。在"梦境"里，他是头脑和身体都健全的英俊的潘多拉年轻人，能够自由地奔跑、跳跃，做各种各样的事情，不但可以驾驭"骏马"奔腾，乘坐"鲲鹏"飞翔，而且是部落公主的情人，是最威武的"武士"之一，将来可能的首领。总之，他在现实生活中没有的，或失去的，或不可能实现的一切都在"梦境"中实现了。而且，"梦境"中的人们都善良、相互信任，没有尔虞我诈，只有相互照顾、帮助和信任，是个理想的乌托邦。现实中他是无名小卒，而且极可能永远都不能成为大人物，在"梦境"中，他一直都是大人物。所以，如果你是杰克，你愿意回到现实中还是留在"梦境"里？《阿凡达》一个现实愿望得到满足的梦境，一个璀璨的梦！

人们为什么会拍这样的电影？为什么人们会喜欢这样的电影呢？当然，原因肯定是多方面的，但其中的一个原因肯定是（也许编剧和导演并没有意识到）自己的无意识的焦虑和恐惧的驱使，是编剧的焦虑，导演的焦虑，和全人类的焦虑。你也可能会说都是巧合吧？《功夫熊猫》里乌龟怎么说来着？——"There are no accidents."

当然，个人英雄主义，好莱坞永恒不变的主题。不过，个人英雄主义之所以打动观众，其原因也不过是我们的内心深处都有着这样的愿望：成为英雄，或者期待英雄。

爱和失去

新年除夕，想让女儿开心一点，带她去看了电影《我家买了一个动物园》（*We Bought a Zoo*）。电影的海报上是一个斑马戴着一个大大的绿色圣诞花结，我们都以为这是个快活的圣诞电影。

电影的主题是关于爱和失去。本杰明·米尔本来是个作家，他的妻子六个月前因病去世，留下一对儿女，十四岁刚刚进入青春期的儿子迪伦和六岁的女儿罗西。迪伦是个沉默的孩子，同时有些反叛，他具有艺术天分但因为画一些血腥的画还有在学校偷东西而被停学。罗西时时刻刻想念妈妈，小小年纪像个小妈妈一样为自己和哥哥准备午餐并"照顾"父亲的情绪。于是，为了摆脱悲伤的记忆重新开始新的生活，米尔想找一个新的房子。他理想的房子要有大大后院，孩子们可以在那里奔跑、翻滚和游戏。他们走遍整个城市都没有找到心目中的房子。地产经纪提供的最后一个选择在离城里有 9 英里的地方。他和罗西都一眼相中了那个房子！可是，那个房子的卖主有一个附带条件，想要买那个房子，就得管理一个年久失修的动物园。米尔不顾哥哥的劝阻最终买下了那个

61

动物园。罗西很喜欢那个动物园，但迪伦却讨厌它。米尔倾尽所有对动物园进行整修，赢得所有动物园员工的爱戴和凯丽——动物园的饲养员的爱情。迪伦也和凯丽的侄女莉莉开始了甜蜜的初恋。最后，动物园终于通过检验，而且老天有眼，在开业那天雨过天晴，获得了巨大成功！（歌颂美国个人英雄主义＋团队精神）

这电影打动我的是爱的丧失如何深深地影响一个人，而爱又是如何拯救一个人。

米尔自始至终深深爱着他的妻子，平日他忙于动物园的各种事情和照顾孩子，只有在夜深人静的时候，孤独才汹涌而至，那么坚强硬朗的男子汉的泪水，格外打动人。

罗西，表面乖巧懂事，睡觉的时候把自己"掩埋于"各种柔软的玩具之中，为了不让爸爸看见，把妈妈穿过的衣服埋在最下面紧紧地抱在怀中。虽然平时她非常乖巧，这个时候则表现出了对母爱温暖的强烈渴望。

迪伦则通过另外的方式，用他的画，表达着心中的伤痛！那些血淋淋的图画，那些奇怪的动物，是他自己流血的心和对失去母亲的愤怒。

等一下，那些画为什么有些似曾相识呢？哦，它们使我想起一个病人的画，一样的丰富想象力，一样的血淋淋，一样的令人担忧。那也是一个内心隐藏着伤痛的孩子，缺少父爱和母爱。父亲因为生病，母亲因种种原因也不能和他生活在一起。他的不安全感深深地植入在他心灵的深处，尽管他否认，他努力适应，还是为着这样那样的事情，这样那样的场合，以及在他的画中表现出来。他是那么聪明的一个孩子，却因为这些困扰，而不停地在挣扎。

爱的丧失，就好比在心中留下一个大洞，有些事情，比如新的爱，可以弥补一些，但那个洞总是会在那里，无法愈合，在你意识到或意识不到的情况下影响着你。米尔，作为一个成人和作家，对妻子去世对自己的影响可能比较清楚，而迪伦，可能自己都不理解为什么会爱画那样的画。因为不理解，影响也会更为深远。小罗西因为还在懵懂无知的状态中，凭借本能和旺盛的生命力，似乎对失去母亲的适应还不错，可那种潜在的孤独和不安全感，是否会完全消失呢？多年以后，当一个人躺在床上，那种孤独和恐惧是否仍会汹涌袭来？

影片中让我感动的是米尔对妻子的爱和相爱的人的生死相隔的遗憾，是小罗西的乖巧，是米尔对孩子和动物的爱和付出，是迪伦的默默（偶尔爆发）的挣扎，还有苦尽甘来时成功的喜悦。新年之际，按照中国人的习惯，应该喜庆一些，但这个笑声夹带着眼泪的故事，才更接近真正的生活。我问女儿喜不喜欢这个电影，她点点头，我相信她是看懂了，相信她获得了真正的"开心"。

电影男主角本杰明·米尔的扮演者马特·达蒙（Matt Damon）是我喜欢的演员之一，他演的电影《天才雷普利》（*The Talented Mr. Ripley*）也是我喜欢的影片之一，是真正演技派的演员，演过很多优秀的影片。在看《我家买了一个动物园》之前也没想到一个"儿童"电影会有这么大牌的演员。算是意外之收获！

秘密就是成为自己

　　女儿喜欢《功夫熊猫》，她一遍又一遍地看，并要我叫她阿宝（Po）。于是我也"被迫"看了好几遍，于是惊讶于美国人对中国文化的理解和诠释，他们"寓教于乐"的能力。于是忍不住想象如果让中国导演拍这个电影会是什么样子。您要是说我崇洋媚外，在这一点上我不反驳，我就是比较喜欢看好莱坞的电影。

　　功夫熊猫中的动画角色，按照配音演员的形象设计，栩栩如生，更不用说配音演员那熟悉的声音用动画形象表现出来令人忍俊的效果。更重要的是，每一个看过的人，包括自己，也会对其中的某一句对白会心地一笑，或者热泪盈眶。

　　我认为功夫熊猫中最能表现中国文化的地方就是对父权的敬畏（当然这也不是中国文化独有）。至于其他方面都是人类相通的地方。其中的熊猫是个有梦想的家伙，他虽然和父亲一起开着面条店，对父亲唯唯诺诺，但他的梦想是成为功夫大师，就像影片开始他的梦境一样。但是他不想让人知道他的梦想，因为他的梦想似乎脱离实际，也许他怕别人嘲笑，当他父亲问他做了什么梦时，他说他的梦是关于面条的。而他的父亲因为儿子做了这个梦而

64

欣喜万分，就好比我们在按照父母为自己设计的轨道一步步前进时，我们父母表现的欣喜一样。而这也使得熊猫更不能告诉父亲他真正的梦想了。对父权的敬畏还表现在师傅和乌龟以及师父和他的徒弟们（包括熊猫）之间。

在一个对父权敬畏的社会里，对父权的反叛会导致什么结果呢？太郎就是一个例子，你也许身怀绝技，也许才思出众，如果没有"父亲"（这里父亲是权威的象征）的许可，为你开启那道门，要想成功是非常非常困难的，付出的代价往往是很大的。

在今天这样一个社会里，大概有不少怀才不遇的"武林高手"，被压制着，没有机会或者机会被人取代或掠夺，或者一直没有被人认可的机会吧？太郎可以说是毁在了曾经"爱"他的父亲手里，因为他冒犯了乌龟——"父亲的父亲"。当然，太郎在影片中不是一个正面的人物，我这里只是用他作为一种象征性的说法。我这里把爱用引号引起来是因为，如果你所谓的爱是为了按自己的愿望塑造一个替身，为了为自己争气、争面子，是不是真正的爱就需要打一个问号。

影片还有一个主题就是对自我的探索，对我是谁的寻找。熊猫的父亲是一只鸟，当然，可能有象征他父亲只是一个小人物的意思，但忍不住让人想象也许他不是熊猫的亲生父亲。其实，熊猫自己也有这个疑问。在影片中，熊猫对父亲承认他的梦不是关于面条而是关于功夫的，并说有时候我真的感觉我不是您的儿子，而他父亲吞吞吐吐的样子其实也告诉观众他是有秘密的。如果不是父亲的儿子，那"我是谁呢？"我为什么有着和父亲（他人）不一样的理想？为什么不满足于现状？所以，他平庸并与众不同着，快乐并痛苦着。所以，当机会来临时，他不顾一切地奔向它。所幸的是他被认可并成功了。

影片也涉及一个人潜能开发的问题。人的能力有强弱之分，但机会同样重要，如果把您放在那些似乎可望而不可即的岗位上，说不定您也能承担救国救民的角色。熊猫，没有人，包括他自己，真正相信他能成为武功高手，是真的神龙武士。但他坚持了，最终被信任了，被扶植了，被指导了，然后成功了！因为什么？因为他临危受命，即便存有疑窦，他遇到了生命中的"贵人"，被放在了那个位置，开发出了他的潜能。

故事中的每个人物都是精心安排的。徒弟之间的关系，也表现出兄弟姐妹之间的嫉妒和竞争（sibling competition）。大家看电影的时候请注意一下老虎。她是一直非常努力，非常优秀，但一直没有得宠的一个。她无论怎样努力都不能从师父那里得到对太郎那样的爱。当太郎走了，本来她是很有把握得到神龙武士的称谓的，但半路杀出个程咬金，熊猫"横刀夺爱"，又一次失宠了，她压抑的失落和愤怒在影片中也表现得很精彩。但即便如此她仍然没有放弃为了要赢得"父爱"而讨好"父亲"的努力。她自作主张去半路拦截太郎，如果能够成功，那……可惜又功亏一篑。影片将悍娇虎（tiger）安排为女性的形象，我认为也不是偶然的，让我联想到中国文化中重男轻女的历史。各位姐妹们，您是否有同感呢？（美国影片在这一点上对中国文化的把握，也非常出色地体现在《花木兰》那部动画片中）熊猫在其中的位置也很尴尬，大概很多到过一个新的工作单位工作的人都有类似的被人嫉妒和排挤的经历吧。他只好以幽默和满不在乎的态度来处理。他真的不在乎吗？当然不是，最后他对师父说了，那些事情很伤人，自己很受伤害。但是，那些伤害和痛苦都比不上"做自己"来得重要，是要改变现状和成功的愿望及动力使得他忍受了那一切。"忍"也算是中国（东方）的文化特色吧？我们，特别在年轻的时候，常会抱怨父母不理解自己，但其实"知子莫若父"。作为过来人，作为看着孩子一天天长大的人，父母对孩子的了解比孩子意识到的要多得多。熊猫在最后才知道他的父亲其实也有过自己的理想——学做豆腐。是父亲在最关键的时候使他领悟到最重要的是什么——是相信自己，做自己。

我的天空永远是灰暗的——关于抑郁症和自杀

再也看不到任何希望，感觉自己就是别人的累赘，一点价值都没有。

没有任何事情能让自己提起兴趣，以前那么喜欢做的事情好像都变得了无兴致，甚至感到厌烦。

累，感觉非常的累，从来没有这么累过，即使什么事情都不做还是感到非常非常的累。

什么事情都干不下去，记忆力下降的非常厉害，从前轻而易举就能做到的事情变得似乎比登天还难，学习或工作成绩一落千丈。

于是，所有的自信都没了，感到别人都瞧不起自己，所以，也就不再愿意和人交往，亲友也疏远了，感觉非常孤独，没有人能够理解自己。

食欲很差，人瘦得厉害。

晚上辗转反复彻夜难眠，脑子里尽是乱七八糟的想法，而且全部都是悲观失望的想法。

人也变得非常敏感或者麻木不仁，动不动就想哭，有时甚至终日以泪洗面。

人生所有的意义都消失了，活着除了累还是累，除了愧疚就是愤怒，有时真想一死了之，既解脱了自己的痛苦，也减轻了别人的负担……

早就想谈谈这个话题，终于坐下来一点点地敲中文是因为看了电影《七磅》（*Seven Pounds*）。是我喜欢的一个演员威尔·史密斯（Will Smith）主演的。威尔·史密斯在片中成功地演绎了一个忧郁症病人在绝望和无助中挣扎直至结束自己生命的心理过程。

蒂姆，一个快乐、自信、风度翩翩的青年，有着傲人的学历、职业和善良的心地，呈现给别人的是礼貌和职业化的举止和笑脸，但转过脸就是痛苦的挣扎。他忧郁症的起因是因为两年前的一次车祸，他的未婚妻在车祸中丧生。他在彻夜难眠和对往昔的追悔中，脑海中反复闪回未婚妻遇难时的情景。为了弥补自己的"罪孽"，蒂姆选择帮助别人，将自己的器官捐献给别人，最后借用哥哥的身份，来寻找需要帮助的人。爱情让他燃起了短暂的希望，他爱上了要帮助的对象艾米莉。但艾米莉急需心脏移植，最后蒂姆在浴缸里放满冰块，在对车祸的回忆中，将那些毒海蜇倒入浴缸……

片中对抑郁症病人心理的刻画很成功，特别是那些在转身瞬间面部表情的转换，非常真实。凡是真正了解抑郁症患者的人，都会在那一瞬间产生共鸣。但是，电影的情节并不是抑郁症的典型案例，那是电影戏剧化的需要。当然，许多抑郁症病人可以找到发病的诱因，就好比蒂姆那样，但是，也有很多抑郁症病人没有那么戏剧化的诱因，至少在外人看来是这样。只好像无缘无故地忧郁，甚至自杀。记得曾在网上看到一个帖子，好像叫"过眼烟云"，说的是一个能干漂亮的女士，有着令人羡慕的工作和收入，幸福的婚姻，和聪明可爱的孩子，是人人羡慕的对象，却在有一天从楼上跳下去，结束了自己的生命。她身边的亲人无不感到迷惑不解。

其实，抑郁症是很常见的一种精神障碍，下面是我在几年之前为一个学术会议上的报告在 WHO 的官方网站找到的统计资料，虽不是最新的数据但相信仍有它的说明价值。"在一个社区里，有 5%~10% 的人因忧郁症而需要协助。而有 8%~20% 的人，在一生里会有忧郁症并发的可能性。联邦德国心理治疗协会 2002 年 5 月公布的统计数据，德国忧郁症患者已达 300 万。至少有 5000 万名亚洲人患上了忧郁症。更有人说，人一生中患忧郁症的可能性高达 50%。"提到忧郁症，自然会令人联想到自杀。根据香港死因裁判法庭的报告显示，1999 年共有 822 人死于自杀，男女自杀比率为 1.7：1。过去五年，香港的自杀率徘徊于 10~13。1999 年共有 237 名自杀死亡人士与精神病有关，占自杀死亡总人数的 27%。与自杀关系比较密切的精神疾病（障碍）有情绪障碍（mood disorders）（抑郁症又排首位）、焦虑障碍、精神分裂症、药物滥用（substance abuse）（酗酒、吸毒等）、饮食障碍（eating disorder）、适应障碍、人格障碍。

在中国大陆，自杀的特点有：

少壮死（15~34 岁青年是高自杀率人群）；

女性死：调查显示，全球每 100 个自杀死亡的女性当中，有 55.8 人是中国人，而且也只有在中国，女性的自杀人数超过男性；

高知死：比如大学生的自杀，已经引起人们的关注。

每每看到有关大学生、研究生自杀的报道，无不感到痛心疾首。据研究表明，移民第一代自杀的特点，和其来源国类似，而其后代则和移民当地的特点接近。多伦多的移民很多都知道关于耿朝晖博士自杀的报道。只留下一句"孩子，爸爸走了。"他从楼上飞身而下，结束了自己的生命。同年，一个张姓少妇也以同样方式结束了自己年轻的一生。作为每天都和忧郁病人打交道的临床工作者，我很清楚地知道，自杀的人数，远比媒体报道的要多，也曾经为自己有自杀倾向的病人日夜担忧。

　　从一个临床工作者和心理治疗师的角度来看忧郁和自杀，自杀有各种各样的原因，也常常看到有人从责任感、道德等角度来评价自杀，虽然那些评论自有它们的道理，但是，让我们这么来想一想：不管出于什么原因，当一个人要自杀的时候，他（她）一定处于深深的绝望之中，到了感到自杀才是解脱的唯一途径的地步。这已经有了抑郁的成分和心理（思维）的偏差。所以，不要谴责那些自杀者吧。

　　对于抑郁症患者来说，当你感觉事情到了自己不能处理的程度，去求助吧。抑郁症是一种病，不是因为意志力的缺乏，不是因为道德水准的原因，也不是责任心的不够。求助不是弱者的表现，相反，是一种积极的适应。我看到一个又一个抑郁症病人，摆脱忧郁或其他困扰，开始新的生活和事业；也看到有的人将自己封闭起来，在忧郁和痛苦中挣扎再挣扎。

稳固的自我有多重要

安迪，一个银行家，因为妻子被谋杀被冤枉，判终身监禁。他看起来懦弱好欺，实则信念坚定，有着惊人的毅力。他顶着天大的冤枉，在狱中饱受折磨和侮辱，始终没有放弃重获自由的希望。他凭着自己的智慧和毅力，用了二十年的时间，用一把小到不能再小的铁锤，在坚固的不能再坚固的监狱的墙中，掘了一个通道，终于在一个雷雨交加的夜里，爬过恶臭污秽的下水道，得到了自由。

多年之前，当我第一次看到安迪站在磅礴的大雨中呼吸自由的空气时，我的泪水，代表着压抑的释放，也顺着面颊磅礴地流淌。安迪是我心目中的英雄。我好像没有崇拜过那些干过轰轰烈烈的事业的伟大人物，因为我觉得他们的事业不是一个人的事业，尽管他们的领导力，也是一种难得的能力。但安迪，一个从监狱里逃出来的一个"普通人"，一个看似弱不禁风的书生，以他人格的力量，深深地印在我的脑海里。从和朋友及病人的交谈中，我逐渐发现很多人都喜欢安迪，甚至把他作为"个人榜样"，希望自己在逆境中能做到安迪那样。所以，有时就想这是为什么？狱中那么多人，为什么只有安迪做到了？这大概在很大程度上得益于他有一个异常稳固的自我（self）。

自我是心理学中非常重要的一个概念，是对自己的一种感觉，其中可能包含有丰富的内容，比如，自己的好坏美丑、有能力没能力、开放保守、讨人喜欢、讨人厌等所有你可以用语言和不能用语言表达出来的对自己的定义。

有的人的自我是比较稳定的。稳定的自我不因环境因素的改变而改变。他也许会沮丧，会有挫折感，会愤怒，但对自己基本的认识或感觉不变。这样的自我遇到挫折后仍然可以重整旗鼓，很快拾起丢失的自信，调整目标进而重新开始。

不稳定的自我则恰恰相反。当一个人的自我不那么稳定时，他对自己的感觉常受环境和他人的影响。当事情一切顺利时，当环境对自己有利的时候，当受到他人的赞扬时，当被人吹捧和拍马屁时，就会自我膨胀，扬扬自得。而一旦受到挫折时，或被人批评时，则对自己产生怀疑，或将一切过错归咎于环境或他人，表现出一蹶不振。自我不稳定的人最大的特点就是人们常说的经不起挫折，或者心理学上说的无法在常见压力下保持功能正常。因为自我是不稳定的，内部环境是游移的，他对自己的感觉完全是靠外界因素支撑起来的。当遇到挫折时，他的自我就轰然坍塌。这是我们在临床工作中经常遇到的。

那么为什么人的自我稳定性不一样呢？一般人认为这和先天的气质和后天的成长环境有关，也就是常说的 nature 和 nurture。就后天的环境（nurture）来说，人的自我的形成和早年的经历密切相关，特别是和母亲或者和幼年期照顾你的人相处的经验有关。这里涉及问题方方面面，简而言之，如果小时候你经常得到的是鼓励和认可，如果你生长的环境稳定可靠，你的自我就可能比较稳定，对自我的感觉比较稳固，你会觉得自己比较有控制力，对自己的感觉较少地受外界环境的影响。如果在你的成长过程中经常得到的是批评和否认，你的自我可能就不那么坚固，对自己可能就比较容易怀疑，特别当外界环境对自己不利时，受到挫折和打击的时候。我们都会多多少少地受外界环境的影响，都会在某个时候对自己产生怀疑，产生挫折感，进行自责和感觉沮丧，只不过是多少的问题。

在《肖申克的救赎》中有一个经典的对白，是安迪的黑人朋友说的："These walls are kind of funny like that. First you hate them, then you get used to them. Enough time passed, get so you depend on them. That's institutionalizing."随着人生经历的延长，我们都多多少少地学会适应环境，这是一个生存的能力，在很多时候我们得益于此。但是，有的时候，我们也在其中丧失了真正的自我，放弃了自我，我们被体制化（institutionalize）了。在重刑监狱那样的环境，被毒打、强奸、折磨，有几个人像安迪一样锲而不舍，花二十年的时间坚守自己的梦想，一步一步地实施自己的计划？安迪靠的是毅力，是长期知识的积累，但更重要的是他坚实的自我和在恶劣环境中对自我的坚守。他的自信没有在毒打中粉碎，没有因为受到侮辱而缩小，没有在系统的体制化过程中变形。作为心理分析师我经常会想，如果安迪是我的病人，他会告诉我一个什么样的童年经历？他的父母提供给他的是一个什么样的成长环境？

另外需要指出的是，在我们成长的过程中，特别是在幼年的时候，当外界环境不是那么好时，就会发展出一个非真实的自我（false self）。我们都会多多少少地形成这样一个非真实的自我，并多多少少让这个非真实的自我支配自己的行为。这个非真实自我的产生是为了适应环境，是生存的需要。比如，当你在童年时，无论做什么都不能让父母满意，得到的总是批评和指责时，发现当在学校取得好成绩可以取悦父母，你可能就会想方设法取得好成绩，就会特别看重学业的进步。好的成绩就成为支撑你自信的支柱。你可能真的学有所成，取得不菲的成绩，自己也自信满满，但是，万一有一天在学业上遇到挫折，或者当仅仅学业上的成就不能满足你所有的需要（比如爱的需要）时，这个非真实的自我就遇到了麻烦，变得功能不良，非真实自我的形成过程，就好比自我体制化的过程。我们也许可以离开外部的不利的环境，离开形式上的"牢狱"，比如通过跳槽、移民，有几个人能冲破自己"心灵的牢狱"？在临床上，我们可以看到很多优秀的人挣扎在自己"心灵的牢狱"的束缚中，只有经过比较长期的心理治疗才能一点点地认识到症结所在，并逐步地从中走出来。

机场惊魂

离开多伦多那天晴空万里，湛蓝的天空，白云朵朵，令担心雷雨的我将心又放回肚子里。飞机准时起飞，很快就到了云层之上，翻涌的白色云海，不知道有多么美丽。记得曾看过一篇文章似乎叫做"站在云层之上"，当时就是那种感觉，真叫人心旷神怡。但起飞大约半个小时后，正当我因连日辛劳的疲倦而昏昏欲睡的时候，乘务员广播说飞机因故要飞回多伦多皮尔森国际机场。女儿焦虑得不停猜测是什么原因，我不得不安慰她没事，如果有事机长肯定会告诉我们。我也确实是那么想的，当时非常镇定。飞机回来的路上，广播反复地告诉大家保持镇定，说这是一次正常降落，为了防止意外，落地后会有救火车来到飞机前，但只是防止万一（但没说会有什么样的意外）。

飞机降落还算平稳，已有好几辆消防车和救护车等在那里。在等待下飞机的时候（等待比一般时候长啊！），一个年轻的乘务员告诉我们（因为我们在经济舱的第一排）此次降落是因为机翼上的一个板子出现故障，使得飞机无法调节速度（抑或高低？记不清了。）总之，继续飞行非常危险，机长当机立断决定飞回多伦多，但由于飞机速度过快，加上飞机准备长途飞行，装满了汽油，致使机身过重，因此，轮胎和地面摩擦过度，导致温度过高而使数个轮胎爆裂，但现在，总算安全降落了。

机上另一个年轻的乘务员已经吓得哭了。

终于等到下飞机，救火车仍然在周围，消防人员还在进行例行检查，人们纷纷拍照留念，孩子还感觉挺新鲜的。

我们要等到晚上九点半才能坐上另一班飞机。坐在餐馆吃着航空公司提供的免费午餐，回想刚才的经过，开始感到焦虑和恐惧的情绪越来越强烈。如果机长没有及时发现，如果机长没有果断做出飞回多伦多的决定，如果降落时温度过热……任何一点的差错，都可能会……越想心里越后怕，口中的食物便变得味同嚼蜡，心里默默地喊啊：机长万岁！为了不至于将这种焦虑情绪传染给他人，还要表面上装得什么事儿都没有，只有偷偷地用手机给朋友发 E–mail 告诉他们刚才的遭遇，以解心中焦虑。

我们于大约午夜时分才安全降落于北京首都国际机场。过后的两天仍然受这种情绪的影响——一半后怕，一半兴奋。当从互联网上看到媒体对这件事一带而过的报道，我还多少有些失望呢。

阿弥陀佛。

学术及其他

回国参加了两个学术会议，见了业界的一些人，包括国内的一些著名专家和一些新人，对我的震动非常大。十年的时间，心理咨询和治疗行业从以前的冷门到热得如火如荼。据说全国有 30 多万心理咨询师大军，参加培训班拿个证书就可以开业接诊了。以前的同学同事都成了有名的专家、教授，个个踌躇满志，银子也是大大地有。看着事业有成的他们，自己惭愧有余。朋友说"不出国后悔一辈子，出国一辈子后悔"。我只有后悔的份儿。话又说回来，如果让我重新选择，彼时彼境，恐怕还是会选择出国。出国这么多年来，虽说错过了许多机会，但也有不一样的收获，小女儿是最直接的收获。出国也令我有机会接受最正规的心理治疗和精神分析训练并结识了终生难忘的朋友，在生活和工作中有幸能近距离地接触他人的心灵。在加拿大蔚蓝的天空下和清新的空气中，我自由的灵魂也如蓝天和空气一样轻盈，这难道不是最大的收获吗？有病人说这是阿 Q 精神，我愿意做这样的阿 Q。（不做也没法子呀！）

如果用浮躁这两个字形容现在的中国不知是否贴切。人说在国外时间越

77

长，就变得越傻。我就属于已经变傻的品种。特别刚回国时，常常感觉不太适应。一天不擦地就满地灰尘和熙熙攘攘的人群及到处可见的喧哗倒不难适应，毕竟在这里活了几十年，时不时自己也会人来疯一场。可是最不适应的是耳边的鼓噪。无论做生意还是在学术会议上，人人踌躇满志，个个天下第一，有时坐在会议室听得我心都要揪到嗓子眼儿，恍然间仿佛依然在大跃进年代，人有多大胆，地有多大产的样子。好像只做不说（吹），就是没水平，使我不时地在疑惑和五体投地之间精神分裂地摇摆。中国传统上讲究谦逊，无论水平再高也要说："本人水平有限，请给予批评指正。"虽说，有时看起来未免虚伪，但毕竟给他人发言的余地。现代人追求彰显自我，人人都这样，如果不比别人吹得大一些，当然就要被埋没了，所以也可以理解。当然，也见到不少兢兢业业工作的学者，还有德高望重的老前辈，以辛勤的工作，保持着他们的尊严，我给予深深的敬佩。

世界上也许有独自面壁三日抑或三年就能够参透所有世间和人生奥秘的高人，但我还是觉得认认真真学习、勤勤恳恳工作心里才觉得比较妥帖。拿心理治疗为例，其诊治病人的能力，就好比外科医生的手术能力，需要临床长期的磨炼，绝不是看几本书，听几次课就可以成为大师的。而且，也不是漂亮的说辞就能够给人真正的帮助。这些年来，我见过不少学富五车、业有专长的心理和精神学家，大都谦逊有加，没人自称大师。再说大师与否应是别人给予的荣誉，绝不是吹出来的。

《喜羊羊与灰太狼》中中国文化的传承

回到国内，没有了英文儿童电视节目，不太懂中文的小女儿显得百无聊赖，烦躁不安。我一遍遍地转换电视频道，希望能找到一个她感兴趣的节目使她从我身边离开一会儿。开始时她拒绝看所有的中文节目，三天过后，在知道不得不接受现实的情况下（人真是一种环境动物啊!）开始看一些中文节目，在边看边说了无数遍的"stupid"之后，终于找到了一个喜欢的卡通片——《喜羊羊与灰太狼》。买到该片的 DVD 之后，她几乎所有的"业余"时间都花在看《喜羊羊与灰太狼》了，直接收获就是她开始偶尔说中文了。

《喜羊羊与灰太狼》讲的是一群羊和两只狼的故事。这群羊包括一只老羊（雄性，叫慢羊羊）和五只小羊——喜羊羊、沸羊羊、美羊羊（雌性）暖羊羊（雌性?）和懒羊羊。每只羊都有自己鲜明的个性先不详谈。两只狼分别是灰太狼和红太狼，他们是一对夫妻。我时不时地陪女儿看看，实事求是地讲，这部动画片挺有意思，情节也很吸引人，但总觉着有《猫与老鼠》的痕迹，只不过变成了狼和羊的对决，同样是狼天天捉羊但永远吃不到羊，狼总是笨笨的，而羊总是聪明的，永远都可以化险为夷。只不过里面暴力的镜头更逼真和认真一些（在国外，《猫与老鼠》已算比较暴力的动画片）。

在中国，对动物有着刻板的定位（stereotype）。我们从小就知道狼永远是坏的，老鼠永远是偷油的，狐狸永远是狡猾的，而狐狸精当然是不怀好意地专门勾引男人的，而同样会吃人的老虎却有着正面的形象……不像国外的动画片中，各种动物和谐相处，即使敌对，也有化敌为友的那一刻。好像《狮子王》是个例外，但那不是给幼儿看的动画片。

断断续续跟着看了不少集，却从中看到一个小小的中国社会的缩影，中国人的文化意识还有社会的问题，都不经意地反映在一个个的故事当中，传承给下一代。这里举几个例子。

怕老婆、家庭暴力和婚外恋。片中灰太狼和红太狼是一对狼夫妻。红太狼是典型的难以取悦的女人（狼），无论灰太狼抓得到羊还是抓不到羊，都会受到她的责备和平底锅的打击（用传统的精神分析的语言进行解释，平底锅似乎有女性性器官的象征）。灰太狼则是个怕老婆的典范，每天卖力地去捉羊，回家来还得挨打。按说灰太狼应该算是个模范丈夫，为了抓羊，他绞尽脑汁，可以说心灵手巧、"狼"计多端，而且无论红太狼怎样打他骂他，都打不还手，骂不还口。这里令我感到不太舒服的是反复出现的红太狼用平底锅猛打灰太狼的镜头。还有就是小肥羊们嘲笑灰太狼怕老婆的镜头。试想，这么小而且这么多的孩子天天看这种家庭暴力的镜头（或许有人还认为这是妇女解放 的象征呢！实际上，无论受害者是男性还是女性，都是家庭暴力。灰太狼已经出现了受虐妇女/男人综合征的症状。），等他们长大后会不会认为家庭暴力都是正常的？鉴于孩子的分辨及思维能力的不成熟，这日复一日的"熏陶"实际上就是在他们小小的脑袋中对家庭暴力正常化的过程。还有就是对怕老婆的嘲讽，充分地显示了编剧或导演男权文化背景的痕迹。那么这种文化也就在动画片的嬉笑怒骂中传承给下一代。

父权统治和对女性的刻板印象。那群羊的首领（村长）是慢羊羊，片中是个慈祥的，偶尔犯糊涂的，却也武断的智者和老者，从他身上可以看到我们以前老师的或学校教育的痕迹。但没有一个母亲的形象，也就是在他们每日的生活和与灰太狼的战斗中，母亲/女性的形象和作用被抹杀了。在片中，有三个女性，美羊羊、暖羊羊和红太狼，其中暖羊羊肥硕健壮，打扮中性，几乎从不发表自己的意见。我问过四个小朋友，其中三个说她是个男孩。所以，她可算个中性形象。而美羊羊和红太狼基本上就是花瓶形象，她们最关心的就是美容、减肥和做面膜。

当然，在中国的动画片当中，这应算是比较优秀的一部，至少很有意思，吸引人，情节紧凑，也不乏幽默感。也传达了很多有用的东西，比如居安思危（过分就是杞人忧天），还有对智慧的强调，等等。

初见台湾

　　来时从香港转机（香港机场除了比十年前破旧一些似乎没什么变化），然后在台北中正国际机场登陆台湾。说真的，台湾的第一印象——机场给我的印象并不太好，其规模和设备很有些眼熟，因为和十年前我所在的城市的机场很有相似之处。人也稀稀拉拉没多少（我已经习惯了在大陆熙熙攘攘的情形了），当小女儿内急我匆忙带她到一洗手间时，被一台湾大婶不甚友好地赶了出来，因为洗手间正在清洗，地上湿漉漉的（到现在我还在想为什么会那么湿），接下来的插曲是小女儿被检出体温稍高，在机场被拦下，量体温、填表，稍有耽搁。值得欣慰的是负责检疫的女工作人员，非常和气和善解人意，与大陆的机场和其他公职人员的生硬和不可一世形成鲜明对比。

　　出来机场，乘出租车（台湾叫计程车）前往酒店，正值交通高峰时段，路上熙熙攘攘，刚出机场的道路两旁有些奇怪的设施，我戏言这该不是高射炮吧，司机说那是赶鸟用的超声设施。不知其他机场是否有类似设施，但我是头一回见到。高速公路看来有些年头了，不像在大陆见到的新修的公路那样光鲜。尽管，路上车很多，但所有车辆都循规蹈矩，在车道之内乖乖行使，听不到喇叭声，也见不到在应急车道上行驶的车辆。不过我那个计程车司机，属于比较不按规则行事的类型，因为在到酒店的路口不能左转弯，他刚过路口就来了个急 U 转。正值交通高峰，指挥交通的大爷（非警察）生气地过来指责他。但总的来说，台湾计程车给我的印象不错。车内干净，也像国内出租车那样套着白色网眼式椅套，司机大都和蔼，没有宰人现象，如果问他们问题，也都愿意攀谈并介绍人文景观，只是有些司机的普通话说得不太好。另一有趣的现象是这些司机对阿扁、马英九、战时日本统治等看法不一。因此次行程虽匆忙，计程车司机算是我了解台湾的一个窗口。

我们入住的酒店规模不大但温馨干净，据说由一个家庭旅馆发展而来，但是这里的汉堡和牛排是我们这次回国之行吃到的最正宗的西餐，芝士蛋糕也非常好吃。台湾的食物综合了全国各地的风味和种类，就如台湾人的面孔一样，可以见到各地特色的面孔，这大概和 1949 年国军到台湾带来的人口和文化风俗的输入有关吧？和北京形成鲜明对比的是这里的人所讲的略显"娘"的普通话，对一个陌生人来说颇有亲切柔和感，无论问路购物都有人礼貌耐心地指示，使我竟没有了在北京时常有的害怕被人"呛"的感觉。在公共场合人们也大都遵守秩序，自觉压低声音，鲜有大声喧哗之声，除了地下食街和士林夜市。

101 大厦、国父纪念馆和士林夜市

　　101 大厦、国父纪念馆和士林夜市是我在台湾观光的三站。乘计程车去酒店的路上，我看到一个很高的高塔，就问司机那是什么建筑，他告诉我那是台湾最高的建筑，恐怕也是世界上数得上的高建筑。他还说那里算是台北最繁华的地方，有很多名牌的商店，集休闲、购物和饮食于一体。

　　第二天，我们的第一站就直奔 101 大厦。大厦确实很高，有直冲云霄的感觉，据说顶端每天摆动的幅度有数米之多。大厦的 1~5 层是商场和餐馆，有许多世界著名品牌专卖店。地下一层是食街。从 5 层乘高速电梯直达 88 层。高速电梯名副其实，从 5 层到 88 层只需数秒的时间，耳朵都有感觉，其速度不会亚于飞机起飞的速度。大厦电梯、装修等给人的印象就两个字——现代！88 层是观光层，从那里可以鸟瞰全市。上面除了纪念品商店、珠宝店、投币式观光望远镜和摄影中心外，还有各式旧时代生活家具、玩具、敬神等用品的展览，让人感到一种现代化和传统的一种怪异和不甚和谐的混合。从 88 层可以爬楼梯到 89 和 91 层，91 层是室外观光的地方，除了室外的观光望远镜和视频放映厅，其他乏善可陈。

再乘电梯回到 5 层，对于那些名牌奢侈品，我们虽兴趣浓厚，无奈囊中羞涩，只好走马观花，然后直达地下一层，想找些台湾特色的小吃，以裹辘辘之腹。正值午餐时分，食街熙熙攘攘竟找不到座位，好不容易才在一台湾牛肉面摊位前落座。食街人虽多，但让我感到很熟悉，和大陆商场的食街并无二致，让人不免会心一笑。

说起和大陆相似的地方，还有街道上带有走廊的建筑，和厦门的街道简直一模一样，看到那些熟悉的街景又不禁会心一笑。

从 101 大厦出来，本来有两个可供选择的目标，台北故宫和国父纪念馆。因计程车司机说国父纪念馆离 101 大厦更近一些就选择了国父纪念馆。途经市政府大楼，前面广场上有两排摊位，司机解释说那是因为经济不景气，市政府设出那些摊位，供人们摆摊挣些外快，并且不收税。

国父纪念馆是一座四四方方的建筑，庄重肃穆，却没有威严的感觉。建筑的前面是一个很大的花坛。周围有栏杆围绕但人（车辆不可）可以从大门自由进出，也没有人收门票。

纪念馆里面是安静的，即使在入口照相的地方。不过里面的展览让人有些失望，因为看到的都是照片（实物的照片），没有一件实物。尽管如此，对孙先生的生平还是多了很多了解。蒋经国的百年纪念展也是一样，全都是照片。

我说过在国父纪念馆没感到威严的感觉。因为，那里是个平民的场所。里面有个图书馆，不少长者在那里悠闲地翻阅报纸。还有摄影、书法培训班等在那里进行。馆里的工作人员大多是义工，他们都坐在一隅默默地看书，没有人跟在后面把你当作破坏分子一般监视——这是我在大陆商场和其他很多场合常有的感受。

从国父纪念馆出来，日已西斜，因为晚上和朋友有晚餐约会，只好回酒店准备。晚餐在一泰国餐厅，食物丰盛，可见我中华好客之传统！但和大陆不同之处是没有大陆不可缺少的酒精饮料。席间和朋友谈起白天的观光经历，朋友说他有个侄子，当问起谁是国父时，侄子答国父是孙文题。他说不对是孙文。侄子说不对是孙文题，因为他看到国父的题字后都写着"孙文题"。大笑之余，感叹年轻一辈在历史文化方面的匮乏。

晚餐后，朋友应我们要求将我们放在著名的士林夜市，临下车时嘱咐我们一定要牵好小女儿。果不其然，夜市人非常多，出乎我们意料。其人之多，其乱，其脏，其热闹，和20世纪80年代在大陆各城市兴起的自由市场简直一模一样，顿时失去了兴趣。穿过人群，我们在宠物街稍事停留，让小女高兴一番，就回了酒店。不过那里的宠物真是非常非常的可爱。

台湾高铁和高雄之行

早晨五点就起来赶往高雄参加一个学术会议。事前有过调查，开车需要四五个小时，乘高铁只需一个半到两个小时。乘计程车到高铁站，正好赶上六分钟后出发的一班车，并稀里糊涂地上了正确的车厢。因为不知道（没看票）就随便上了一节车厢，当发现还分车厢时，发现那正是我的车厢。

高铁很快，因为去时不是直达车，用了两个小时才到，回来时乘直达车只用了一个半小时。途中陆续上下一些人。上来的人也都衣着整洁，大家安安静静的，没有喧哗和拥挤，也不必拥挤。其时刚好高雄附近山区因台风造成洪灾，高铁上有很多带着铁锹前往支援灾区的义工。

从左营高铁站下车，前往高雄学术会议现场。会议组织得很好，因为我只有一天的时间，上午听了两个报告，下午完成我的论文报告后就又赶回台北。很遗憾，没有更多时间了解高雄。但我走马观花的印象是高雄的环境和基础建设都不错，山清水秀，高速公路通畅，高雄的高铁站也比台北的高铁站气派和现代很多。不知这是否和阿扁的执政有关。

敬鬼神以求心安的台湾人

在台湾不可回避的另一现象就是众多的漂亮的庙宇，分布在大街小巷和山上。计程车司机说除了信仰基督教的那些人，台湾99%的人都敬神拜佛。还说，拜神也有很多讲究，拜天上的神要烧金子（当然是纸做的），而且拜大神要早晨烧，拜中神要上午烧，拜小神要下午烧（看来神值班的时间不一样哩）。对阴间的灵魂（死去的人）不能烧金子，只能烧银子。而且阴间的生活通常都比较艰难，所以要烧些别墅和奔驰车给他们用。这些对我来讲都挺新鲜的。那些庙宇的存在，似乎有着一种暗示催眠作用，使得人不得不进去顶礼膜拜。在这样的文化氛围中，我也更多地理解了一些台湾人对佛教的虔诚。

我不是有神论者，但绝对尊重人们的宗教信仰。我坚信人信仰宗教是（至少部分是）因为心理的需要，或因压力过大，或因内心空虚，或因需要精神寄托，或因缺乏安全感，或因幻灭，或因愧疚，再往深处说，或许需要一个完美的客体，或许因为投射和投射认同……其他的原因大概和家庭环境、社会环境、从众心理以及实用主义有关。

　　当社会或经济不太安定的时候，人们倾向于求救于鬼神。我有一个朋友，那是多么聪明和清醒的一个人啊，以前我是他的粉丝啊。因为个人和家庭的不幸，为了化危机为平安，竟求救于各路神仙——佛教的、道教的、风水的、易经的。尽管他也知道是病急乱投医，但这些神仙毕竟给予他希望。我对此深表理解，也见过很多人，在困难的时候，转向基督教或其他宗教。我充分地尊重他们，也不敢保证自己今生都不需要这些。但我深深地希望那个朋友，还有许多许多的人，在感谢神明的同时，可以感觉到自己的力量，在走出困境的时候，也感谢自己的勇气、力量和执着。

Farewell！再见台湾

因为行程仓促，只在台湾停留两天，就匆匆踏上归程。在乘计程车去机场的路上，一边听着司机热心的介绍，一边在心里感慨万千。去过世界上许多地方，都没有在台湾感到的认同感，无论文化、风俗、血缘、语言、人种，都有太多相同的地方。就是那句话——同根同源！和朋友临别聚会的时候，谈到台湾观感，他也有相同的感受。

回来时，在台湾机场，看到这样一幕：大家都在排队准备登机，有个河北口音的人在插队，一个人（台湾人）提醒他到后面排队，那人不去也罢，反而大声嚷嚷说他那里才是队，令人不禁脸红。个人感觉，台湾和大陆大城市的差距，就物质而言，差距似乎不大，但人的行为文明程度，台湾似乎略胜一筹。另外，台湾城乡之差别似乎也较大陆小一些。

熟悉的和陌生的

孔子曰："有朋自远方来，不亦乐乎?"我从远方来，朋友不亦乐乎? 来时忘记带电话本，只好发 E‑mail 联系，只有一人回复，不太乐乎? 聚会时均曰我用的 E‑mail 地址已为古董，他们没有收到我的 E‑mails 而非他们不愿回复也，又大乐乎?

回国的人，大致都有和昔日故友相聚的愿望。这些朋友是自己和过去联系，和他们相聚也是和自己的过去的相会和对自己历史的重新审视。故地重游也具有类似的功能。去之前我特意打扮了一番，主要是想找到一个合适的尺度（其实也就是自己在意而已）。人们怎么说来着? 回国的人穿着土气，花钱小气，说话洋气。咱不想让别人说咱是土包子不是? 但也不想太过造作，又想保留一些个性，所以，很费周折。聚会是令人愉快的，离别是有些恋恋不舍的。但是，在看似仍然熟悉的氛围之中，却让人有一种挥之不去的陌生感。感觉随着时间的推移，我们的生活轨迹已渐行渐远，他们谈论的话题我已经不能完全理解，提到的业界的人士已耳听而不能详。

这种熟悉和陌生的感觉实际上是在国内时常有的一种感觉。很多很多的事情，本来应该是很熟悉的，看似也是熟悉的，但又是有些陌生的。尘土是熟悉的又是陌生的；人群是熟悉的又是陌生的；售货员的吆喝声、推销（强卖）的姿态和虎视眈眈的眼光是陌生的又是熟悉的；海关、政府机构、收费关口，那礼貌但机械的语言以及随之而来的极不耐烦的表情和总是斜视和看往别处的目光，是陌生的不理解的又总能唤起回忆的（有些甚至是创伤性的）熟悉；排队时无论你如何躲闪和做出不悦表情仍然紧跟着你并用便便大腹顶着你后背的男人是陌生的又是熟悉的；习惯了男人绅士风度帮你开门让你先行，对扑面摔来的大门是惊讶的陌生的又不得不承认这也是熟悉的。

就在北京机场，等待去登机口的火车时，我们来得最早，站在一个门口的最前面，当车门打开，两个女儿刚要落座的时候，两个壮士从后面迅速冲过来抢先把硕大的屁股重重地实实在在地坐在了座位上。小女儿顿时惊讶得不知所措，大女儿则要开口责问。我拉住了她。不仅仅因为一向胆小怕事的我不想在即将离开国内时放大这件事带来的不快，而且因为这种情景实在是非常熟悉——又极端陌生。

我不得不承认，人们的这种习惯实在是有其合理的根源。记得小时候，大字不识一个的奶奶就常告诫自己做事要为别人着想，我们还知道君子宁湿衣不乱步，而这些谦谦君子的礼仪大概都只适用于社会资源相对丰富、竞争不太激烈的时代。在资源相对贫乏而社会保障不足的社会（不仅限近几十年），在适者生存的达尔文主义的社会氛围中，人们本能地知道要想生存，要想生存得好一些，要想生存得好上加好，就非抢不可。这是一种心态，心态使然便表现在各种行为当中。我们要是仍然生活在国内，恐怕也是一样。这是普遍规律，不仅中国如此，大家大概还对美国南部卡瑞娜飓风时美国民众的表现记忆犹新。当资源受到限制，生存受到威胁时，人生存的本能就会占上风。这不仅是我阿Q精神的又一次发挥，也是对我们（事实上和心理上）所有弱者的一次同理心的运用。

这种熟悉并陌生的例子真是不胜枚举。迅速扩张和发展的城市是熟悉的又是陌生的；街道是熟悉而陌生的；漂亮的高速公路是熟悉的又是陌生的。这次回来，因为住在城市边缘的缘故，在别墅区，高层公寓，现代化的办公大楼等的包围中，在清晨汽车的呼啸声和喇叭声中竟然还可以听到"戗剪子磨菜刀——"的熟悉的吆喝声，恍然又回到儿时奶奶家的小巷。回想起那些无忧无虑的童年时光和已仙逝的慈祥的奶奶，让我不由得热泪盈眶。

这样的熟悉和陌生是我们移民，特别是第一代移民尴尬却不可回避的一种状态和命运，是一种不得不接受，早晚都得接受的一种现实。用精神分析的语言，这种被抛弃的情结，即使可以被处理，可以被压抑，甚至可以被超越，却是心头永远的痛。它作为动力或阻力，在潜意识和移民作为群体的集体潜意识中，时时刻刻地影响着我们。

不愿长大的小女孩

　　《我的非正常生活》是从一个好朋友的书柜里翻出来的。过去对洪晃的认识也都局限于知道她非同一般的出身和几乎有些传奇的经历。当然也知道她是陈凯歌的前妻，也知道她被称为名门痞女，而她的母亲被称为中国最后一位名媛，前外交部长的妻子，毛主席的英文翻译，是位美丽且身份特殊的名人。

　　她的非一般生活从一出生就注定了。这是她所有非一般的基础，她的出名和成功以及自傲和自卑都不难追溯到这个根源。她是章士钊的外孙女，所以一出生就生活在深宅大院之内，被宠爱甚至溺爱所环绕。从其书中描述，其特权和富裕程度恐怕当时的高干子弟也不一定能够享受到。按她的年龄计算，她应生于 20 世纪 60 后代，当时人民的平均生活水平非常低，而她的家庭可以请师傅一次就炒几十斤肉的肉松，出门有车代步，在上寄宿学校之前从来没用过蹲的厕所，在社会主义建设的新高潮中，她周围的亲属所关心的是美食和时装。其生活是非一般之"奢华"。但同时，她也不可能生活在真空当中，她对当时的大环境和其非一般的优越生活，即使自己懵懂无知，也一定从大人那里略知一二，所以那种环境自然使一个孩子产生无以复加的优越感。这些都在她的书里表现出来。

与此同时，她对父母婚姻的裂痕和不合也一定不会一无所知。因为孩子对这些都是没有例外的敏感。接下来的两个创伤性经历是她在寄宿学校的生活以及父母的离异。这其中似乎有先后之分，我之所以记不清楚，是因为在我的印象当中两件事是同时发生的，因为，一个婚姻的破裂是一个过程，离婚则通常是危机积累到高峰后的最后结果。把她送到寄宿学校无非是离婚后她母亲好心的补偿抑或无奈的一种安排，就是为离婚而做的铺垫性的安排。（我不赞成把幼小的孩子送到寄宿学校，从心理学角度来说，特别对于敏感的孩子，会形成被父母抛弃的体验。事实上也是，从某种角度来说，这是被很多临床案例证实的。）对于这种安排，对普通人家的孩子或许比较容易适应，但对丁洪晃，这个只会用抽水马桶的小女孩来说，简直就是一种灾难。但生活的适应倒是其次，要知道，对孩子来说，那个年龄同伴的认同是非常重要的，从书中可以看出，为了得到同伴的认同，她做了非常大的努力：故意穿带补丁的衣服，拾最臭的粪。而同时，频频在广播中出现的母亲的名字，或许在使她得到老师宠爱的同时，也很可能受到了同伴的孤立，使她的努力打了折扣。而之后作为被空降到纽约的红小兵的经历，又使她有了第二次身份认同的危机。而寄宿学校（与其他学生的出身差异）和小留学生的经历（与美国孩子的差异，包括服装、观念和语言能力）都有可能使她在无比的骄傲中产生非一般的自卑感。就好比她和吕贝卡的对话：

吕贝卡说："就是因为你不可爱，你爸爸、妈妈才不要你，把你送到美国来，我们真倒霉，还得收养你。"

而她回应说："你懂个屁，只有中国的人尖子才能出国，别的父母想送还送不成呢，我将来是当外交部长的料，你八成是纽约街上的垃圾工人。"

（另一种解释可能是：妈妈爱的是外交部长，如果我当上外交部长妈妈就会爱我了。）

当吕贝卡反击说："我父母绝对不舍得让我离开他们，我再没出息他们也爱我，我是他们的女儿，你要是再没出息就更没人要了。"使她顿时哑口无言。

是啊，我可以有一切，可是，爱却离我那么遥远。精神分析讲母亲注视的目光的重要性，孩子在那目光中，不但可以看到母亲的爱，也可以看到自己的可爱。就好比情侣的目光，不但可以看到对方多么爱自己，也可以看到自己在她（他）眼中多么可爱。没有了那对注视的目光，无论什么都很难完全弥补它的缺失。

在这个过程中，雪上加霜的就是她父母婚姻的破裂。洪晃在书中说，她在梦中都有怕被抛弃的呼喊。我认为这是她书中最真情流露的一句话。父母的离异是她生活的分水岭：那之前，生活是圆满的，美好的，充满着爱的（至少形式上是）；那之后，生活是苦涩的，孤独的，无助的。有人可能不认同这种说法，因为事实上，由于她特殊的出身和身份，使她拥有非一般的资源和机会。我这里说的孤独无助是指她的内心，这可以从她书中看出，也可以从她虚张声势的坏脾气中推断一二。从书中的照片可以看出，洪晃小的时候非一般的可爱。而她成年的容貌几乎和她在刚到美国时那张在船上的照片没什么差异。孩子式的圆脸、孩子气的眼神和调皮的圆鼻头。而她的不加控制的脾气，也和一个12岁的孩子无疑。似乎她永远停留在12岁，不愿长大；而不长大，以后的事情就似乎不会发生。

父母的离异使她有被抛弃的感觉，她也曾因父母的离异而责备自己。而她在父母离婚之后被"抛"往纽约，这种物理上的距离正好是她的恐惧的一个最好不过的，甚至无法自欺欺人的注解。被抛弃的感觉一直伴随着她，而后与陈凯歌的婚姻更进一步加重了这种恐惧。我认为洪晃是个有才华、敏感和真性情的人，而陈凯歌，作为一名有那么多好作品的著名导演当然也是有才华和真性情的（很难想象一个现实到利用婚姻来获取身份的人，能出那么多的好作品）。所以，我宁愿相信他们的爱情是真实的，而陈凯歌离开她而转向别的女人，别的更加美丽的女人……而洪晃对朋友的依赖和对派对的热衷，也反衬出她希望被认同的强烈需求和竭尽所能留住朋友的愿望。

容貌似乎也是洪晃的自卑点。她，以及她的朋友都在书中多次提到这一点。尽管她的朋友大都强调她的性格和才华的光芒掩盖了她容貌的平庸，但刻意的承认和否认某件事都正好彰显它的重要性。而容貌对洪晃来说尤其重要，因为她有一个那么美丽的母亲，而且是外交部长的夫人，毛主席的英文翻译。在当时的中国，其瞩目程度恐怕不亚于江青。相信从小人们对洪晃的容貌都有着高期待。而她的容貌，在深深地使她自己失望的同时，大概也会使不少人失望。而一个永远都无法超越母亲的女儿，其内心的压力可想而知。她对衣着的随意可以解释为对容貌自卑的欲盖弥彰的一种掩饰。而后来对品牌的追求和对时尚的描述，又可以看出她对时尚和美丽的向往。我个人认为，在她创办《iLOOK》杂志的过程中，在美女如云的环境中，因为其地位和权力的拥有，倒是多少摆脱了这种自卑感。

可以推断，她是挣扎在自傲和自卑之间的。她的骄傲是她的出身，在书中她对小雪和廖文出身的评论可以看出她对自己出身的骄傲和俯视众生的优越感。当然她也为自己的才华和所受美式教育（她的教育又和她的出身密切相关）骄傲。而她的自卑被巧妙地隐藏起来，用她的努力，还有资源，还有她的性格。她随时发作的脾气除了可以看出小时候被溺爱的痕迹，怎么看都有点像虚张声势的掩饰。

而内心里她还是那个不想长大和害怕长大的渴望爱的小女孩。

（这篇文章是读过《我的非正常生活》后的印象。但书不能完全代表一个人，所以本文肯定有不准确和不完全的地方。不过既然洪晃女士在书中写了自己也就给人们一个认识她的窗口，因此私人生活就变成了公众话题。我本人非常佩服洪晃女士，甚至嫉妒她的才华。）

灿如烟花的生命

礼拜天去凑了一下热闹，带女儿去看了关于迈克尔·杰克逊的电影《迈克尔·杰克逊：就是这样》(*Micheal Jackson: This is it*)，有一些感触。

要说影片并不是那么精彩，因为大多是排练时的片断，不是一般电影是重新创作的作品，但更反映了迈克尔·杰克逊工作时的真实状态。我含着眼泪看完的这部影片，边看边想：为什么？为什么会有这样的情绪反应？

当年知道迈克尔·杰克逊是因为当时的恋人喜欢他的歌，所以也被动地听了一些他的歌带。另外，由于他的音乐节奏动感十分强烈，那时喜欢拿来健身时跳迪斯科。他是摇滚之王，一向是媒体注意的焦点，所以，逐渐地也知道了他的故事：从小就登台表演、很早就出名、后来做了全身换肤整容，结婚、离婚、再结婚等，梦幻庄园、官司、面部变形……。忽然有一天报道说他去世了，自杀或他杀至今没有定论。似乎他去世后媒体对他的报道都更"其言也善"了，人们对他的死欷歔不已。这些对我似乎都影响不大，似乎都和我无关，自己平常的生活和这些根本就没有交集，看也看了，听也听了，叹也叹了，一切都过去了。就和任何事情一样，终究会恢复平常。

可是在屏幕上，那节奏强烈的音乐，震撼着每一个人的心，伴随着他那特别的月球漫步的舞步，使人忍不住跟着他的歌迷掉眼泪。50 岁的他，仍然跳着 20 岁的舞步，竟一点都不逊色于身后那一大群年轻的舞者，难道只是因为他站在舞台的最中央吗？我相信他还是有其独特的个人魅力的，他的舞步挥洒自如，最最到位，也许这就是原创和僵硬的模仿者的区别吧？

还有那音乐的效果。我不大爱听节奏非常强烈的音乐，但记得有一次，我边开车边将收音机调到爵士音乐频道，听着听着竟有些兴奋，这也许是人们喜欢节奏强烈音乐的原因之一吧？节奏强烈的音乐，有这样一种力量，就是它能强迫性地充溢到人的心里，激荡起你的血液，使你无法抗拒它，使你忘记其他烦恼，不由自主地随着它的节奏兴奋起来。这种作用哪怕是暂时的，也已是许多人求之不得的。所以它们才那么流行。

迈克尔·杰克逊的音乐被很多人喜爱，他的生活则备受争议。其实和其他人一样，事业的成功不能保证其他方面的完美，尤其不能保证人格的完美。但任何的成功都需要很多的付出，或许还要有相当的天赋。但迈克尔·杰克逊生前死后都受到如此关注，这部电影这几天已达到票房之首，作为一个歌手，他的成就也算达到了登峰造极的地步。电影中的他除了消瘦看上去倒也健康正常，而且可以承受那样的舞蹈并看不出特别的疲乏。而且，他对工作非常投入和认真，他看上去很享受他的工作，使我想起那句话："工作着是快乐的。"他对其他工作人员也谦逊并和蔼可亲，当时我想到的一个词就是"温和"，像是一个绅士，当然其他人对他也非常尊敬，一些年轻人对于和这样的巨星一起工作都非常受宠若惊的样子。说实在的，所有的人都非常投入、认真和敬业，给人极深的印象。

在我的内心里，是什么在共鸣屏幕上的东西呢？是他的早逝吗？也许真正缅怀的是逝去的青春和曾经付出的努力和情感。迈克尔·杰克逊的死，好比一个象征，带走了过去的某个部分，那个朝气蓬勃的少年和那个年龄的激情，又一次使人切实地认识到时间的不可逆转性。岁月的脚步永远也不停留。就像流水，流去了，是否留下一些痕迹？时光不可倒流，逝去的都已逝去，即使接受，也有些遗憾和不甘。这就是人生吧！苦和甜，交织在一起，便是人生的滋味。

爱情是什么

　　电视剧《蜗居》的主题是海萍夫妻买房子的困扰。这使我想起自己当年大着肚子坐在总务处长的办公室，面对那张冷漠无动于衷的面孔，恳求他借我一间房子的情景。那种无助、屈辱感和隐忍的愤怒，可能只有亲身经历过才能体会。很多人批评海萍过于虚荣，但我觉得她作为一个母亲，工作好多年的人，想拥有一套房子的要求并不过分，而且她的要求，只不过是一套普通的单元房，连电梯都没有，而且那么偏僻，何过之有？她是有些不择手段，但是，这正体现了那些无权无势，靠辛辛苦苦工作谋生的普通人的生活状态。她只是不想服输和屈服而已。但她也是一个幸福的女人，能够有一个丈夫厮守那种简单的快乐。那么无论是小贝还是海藻，将来，永远都无法体会那种简单的感情，以及其中的快乐了。因为这种简单的快乐只有在单纯的爱情中才能存在，那种单纯的爱情一旦失去就再也找不回来了。至于为什么，就不必多说了。以后无论是小贝和海藻，无论将来他们遇到什么样的人，无论他们和将来的爱人如何相爱，都不可能有当初的那种单纯的爱和快乐了，因为，他们自己不再单纯了。这是可悲可叹的，但也是他们成长的代价。

这个剧还有一条主线是海藻和宋思明非一般的爱情。很多人已经从道德的高度评论和批判了他们的关系以及所牵扯到的周围的人，我不想对此做任何有道德的评判（当然不是置道德于不顾，因为凡是看心理医生的人，大都不缺乏——周围的人更不缺乏——道德的标准和评判），也许这是我的职业习惯，我的职业主要是理解人和帮助人，而不是告诉他们什么才是正确的道德观。从剧中，我看到的，除了现实的困扰和焦虑，还有每个人在爱情和婚姻中的挣扎，以及现实和爱情的不可分性。

那么爱情是什么？

爱是一种深刻的，难以用语言完全表达的对另一个人的温柔亲切的情感。在男女之爱中，还使人感到深深的难以形容的吸引力，是想接近和了解对方并伴随性欲的产生。爱还有非理性的特点，正是因为如此才使那些陷入爱情的当事人因为理智和道德感的限制而陷入深深的矛盾和痛苦之中。

凡是真正爱过的人都有过这种体验——两个人在一起的欢愉以及分离时的痛苦。人们不禁会问为什么茫茫人海中，那么多的人擦肩而过，唯独这两个人就相遇相爱呢？男人和女人为什么会相互吸引呢？

世界上绝大多数生物都被异性所吸引，这有着其生物学的基础，正如爱情也有着激素和神经结构的基础。男女生理结构有着很多的不同，很多正好是相互补充的。我们都知道正负两极是相互吸引的。男女就好比正负两极，因此相互吸引。

从心理学来讲，人的感受都和过去经验相关的，也和自身的幻想和期望有关（这又和过去经历有关）。也许眼前的这个人使你想起了某个人（或许意识层面都没觉察到），就好比宋思明和海藻一样，他喜欢海藻和他大学的初恋有关。其实，还和人更早的经历有关，你有什么样的父母，你从小的生活环境，你的性格，都会影响到你今后和人的关系。性格软弱的海藻，碰到宋思明当然会被吸引，宋思明给予她的支持和精神的满足，是小贝这个大男孩无法给予的。

有人将爱划分为四种类型：

生理之爱。就好比上面所说的男女生理之差别及互补，生理的本能使得二人获得生理的欢愉和满足。

精神之爱。就好比友谊一样。当人相处久了，就会产生友情式的依恋。友谊也可以产生在同性之间。但由于男女的思想和身体一样也有很多方面是不同和互补的，所以，男女之间的友情和同性之间的友情还是有些不同。具有思维的互补的愉悦感。

情感之爱。这是男女之最美好最强烈的一种爱之联系。它来源于双方灵魂的互补和共振，是灵魂合二为一的产物。因为有了灵魂的融合，使得恋爱中的人被改变，就好比氢和氧结合变成水后已经不再有氢和氧的特性。情感之爱是强烈的，有的人为了这样的情感可以牺牲自己的利益甚至生命。有时是缺乏理性的。

心灵之爱。心灵的共鸣，这可以发生在任何人之间，如父母和子女、兄弟姐妹、朋友、爱人。

可见，爱的层次有所不同，理想的爱情需综合以上四种类型，但是，理想的爱情又是少而又少的。另外，也许某一个时期具备了上述四种或大多数，也许另一个时期只有其中的一种。有的爱从生理之爱开始，比如一见钟情。这种爱也许就停留或终止在这个阶段，也许可以发展出其他形式的爱。有的爱从友情开始，后产生生理之爱。也有很多美好的爱情，最后只剩亲情（友情或心灵之爱）丧失了生理的吸引和欲望。就好比宋思明和妻子的关系。海萍和苏淳的关系则比较完美，他们的困扰是现实的困扰——钱！但人也是无法脱离现实的，他们的婚姻也曾因为钱这个无法超脱的现实而岌岌可危。

爱也有其发展和消长的规律，因为种种原因，爱可能消失，古今中外都是如此。这不能简单地用忠诚来约束，而且那种约束通常是无力且痛苦的。那怎么办呢？或修复或分手或接受。但无论如何，背叛对被背叛方的打击都是致命的，其痛苦是无法用物质和地位来补偿的。因为，两个人的结合，是身心的结合，是两个自我的结合，被人背叛是对自我的打击，其创伤难于愈合。我们从小贝和宋思明老婆的痛苦可以看出来。理智在那种创伤面前，是多么苍白无力。

不想美化宋思明，他是个公务员，却拿纳税人的钱谋取个人利益，他应该受到谴责。但他作为一个人，对爱情的追求又是可以理解的。

梦境还是现实

人的头脑浩瀚博大，分为意识、前意识和潜意识。我们清醒时所感受到和想到的一切绝大部分都在意识范围里，只有很少的时候，比如在自由联想的时候，失神的时候，可以很短暂的进入前意识的范畴，但也通常不被注意到。意识其实是三部分里面最小的一部分，头脑大部分的内容都隐藏在前意识里。意识设置重重障碍，即防御机制，来阻止对前意识的介入和了解。这就是弗洛伊德著名的"冰山理论"。而睡眠时人的防御机制会减弱，所以，梦有时就会反映潜意识内容。

梦的世界丰富多彩，变化无穷无尽，令很多人着迷，历来如此。从古代的周公解梦，弗洛伊德的梦的解析，到现代对梦机制的科学研究，人们试图揭开梦的奥秘。我有一本关于梦的书，详解古今中外对梦的解释和理解。周公解梦，给所有的人的类似的梦以一定的含义，如果 A、B、C 都梦见被人追，那么其含义对三个人是一样的。弗洛伊德对梦的解析则基于对病人的全面了解，病人对梦的联想，结合社会文化历史的渊源来理解梦对做梦人的意义，更个性化、心理学化，结合他的心理学理论，也更科学化。

电影《盗梦空间》（*Inception*）就是利用"高科技"的技术，人为地进入他人的梦的世界，从而进入他人的潜意识或共享各自的潜意识。于是，彼此的交流或较量其实是互相潜意识层面的较量。电影的主要情节是柯布（Cobb）等人应某人要求，进入某财团大亨之子的潜意识，将一个观念植入他的潜意识，即 inception，使他相信自己，相信父亲对他的爱，使他能够且愿意承担起（以他自己的方式）继承父业的大任。将一个简单的观念植入其潜意识，让这个观念自己在潜意识里慢慢成长，成为他自己的意识。

影片还穿插柯布自己在梦中对其已故妻子的投射，他对妻子的思念和内疚感。柯布的妻子玛尔（Mal），曾经也是他梦工作的工作伙伴，曾一起进入梦的世界，构建了一个他们的理想世界，而不愿返回。不得已，柯布进入妻子的潜意识深层，植入一个观念：This world is not real。但是，由于这个植入，等他们回到真实的世界，玛尔仍然感觉 this world is not real。无法忍受这种不确定感的折磨，玛尔认为只有死亡才能够使她回到真实的世界。在他们结婚纪念日那天，玛尔邀请柯布一起从高楼跳下，仍有现实感的柯布力阻妻子不要跳下，但绝望的玛尔还是纵身而下。失去曾经相约 "grow old together" 的心爱的妻子，而妻子死亡的部分原因（作为精神分析师，我始终相信，无论外因是什么，即使在潜意识被人种植某种观念，自杀仍有其他深层的原因）是因为他（他自己认为）为妻子种植了那个观念引起的。于是，由于对妻子强烈的思念和内疚感，每当他进入梦境，当他的意识防御功能减弱的时候，他妻子就会出现，妨碍他完成任务。在影片的结尾部分，当他为了完成任务进入平常不常进入的潜意识深层，玛尔又一次出现，央求柯布留在那里（其实是柯布本身想与妻子在一起的投射反应），在潜意识的强烈冲突中（留与不留），训练有素的柯布又为妻子，其实是为他自己，种植了另一个观念："We grew old together. You just do not remember It"。两只紧紧握在一起的苍老的手（画面中）。他的妻子才在他怀中沉沉睡去，他才回到现实中。可是，他真的回来了吗？当他出去和孩子玩耍的时候，他的父亲消失不见了，留下一个悬念。梦境？现实？于是，现实和梦境互相交织，扑朔迷离。

我们的世界在多大程度上是真实的？多大程度上是自己根据自己的欲望，需要，恐惧……构建的？你看到的是现实存在的，还是你希望看到的或你所害怕恐惧的？我们治疗师的日常工作，说到底，很大程度上就是帮助来访者更多地认识到这些。"It is an unconscious world after all."（归根到底，这是一个潜意识的世界）确实是这样，也许你相信一切都在自己的意识控制之下，也许你感觉自己意志力坚强，知识丰富，聪明智慧。是的，意识的力量是强大的，还有基因遗传，后天教育和学习。但是，有的人确实有无法控制的焦虑、莫名的恐惧、无端的忧伤，确实会感觉空虚、无助、毫无意义，即使他们的生活和事业在外人眼里美满、成功、令人羡慕。确实有人生活在自己的幻想之中无法逃脱或者不愿逃脱出来。确实，有时候我们会喜欢或不喜欢某些人，会对某些事情尤其敏感，使我们变得沮丧、气馁、气愤，或失去信心。这到底是为什么？答案就是潜意识。

所谓潜意识，就是我们生活经历的积累但被压抑到意识深层，不被我们感知到的东西，有一些潜意识，我们有时候懵懵懂懂地有些感觉，但却无法完全清楚地抓住到底是什么（comprehensive），但大部分的潜意识我们平时是不知道的，因为我们的防御机制，因为其令人无法理喻的强大，阻止潜意识出来干扰我们业已形成的感知体系——我们的生活，不管现在的体系是"好的"还是"不好的"。在梦中，潜意识却可以逃脱防御机制的干扰，以伪装的形式，让我们对潜意识得以窥视一下。这就是为什么，有时候我们按部就班地工作，无法洞解的含义，却因为一个梦的缘故而恍然大悟。

我无法相信技术的进步能够有一天像电影《盗梦空间》那样到人的梦中

窃取人的想法，改变人的梦境，种植一个观念。但即使能够做到，就像我不相信用药物或医学手段删除人的记忆会有益于大多数人一样，在潜意识里种植给人某个观念依然解决不了所有问题，因为我相信人的经历应该是整合的，就好比我相信母亲爱我们是因为她曾经将我温柔地抱在怀中，曾经给过我充满爱意的吻，我的耳边曾经响起过她唱的催眠曲，她关爱的目光曾经追随过我的身影，我在她充满爱的眼睛里看到过自己的影子，于是感觉到自己是可爱的……是这些不胜枚举的经历，使我相信她是爱我的。曾经和有被虐待经历的病人工作过的治疗师都知道，那些曾经被虐待的孩子，无论他们的父母如何口头告诉他们父母其实是爱他们的，他们仍然感觉自己是不被爱的，是不可爱的，或者感觉很困惑。曾经被配偶背叛过的人也常常难于克服被背叛的经历重新感觉到对方真正地爱自己或者自己真正可爱。如果这些人恰恰小时候也有被父母或其他养育者虐待（身体的或情绪的）、忽视或抛弃的经历，则更加难于克服被爱人背叛的经历。如果到这些人的梦境中，给他们种植一种观念：你是可爱的，父母是爱你的，你的爱人是爱你的。那么他们仍然会感觉困惑，就如玛尔那样，也如那个大亨的儿子将来可能的那样，是危险的。

　　玛因为分不清不真实的是梦境还是现实世界而跳楼自杀，现实中也有很多人生活在自己的幻想世界里（这里指广义的幻想世界，包括想象、幻想、幻觉、妄想），而有些幻想其实是自己的投射，比较典型的如被害妄想（persecuted delusions），很多想象/幻想/妄想是因为自己心理的需要，比如自大妄想（grandiose delusion），有着它们的作用。就好比，有一天我们在一个酒店因为找不到一个中餐馆来慰问一下被西餐折磨的胃和味蕾，便幻想有一天那个酒店被一个神秘的中国大亨买下来，所有的餐馆都改成川菜馆、鲁菜馆、粤菜馆。呵呵。有时候，甚至不忍心将病人从他们的幻想（妄想）世界里唤醒。就像最近见过的一个病人，幻想自己是某个电影明星的妻子，有自己的孩子和家，被丈夫和家人爱着，被他人羡慕嫉妒着。而现实中，她一无所有！幻想世界中她是幸福的，而现实是残酷的。但是，如果让她沉浸在幻想当中，她就永远不可能拥有真正的人生。

Life is not easy. 各人有各人的问题，各人有各人的"盲点"，有时候真的需要他人来帮助自己认识到那些"盲点"。有人可能会说："干吗寻求别人的建议，没有人比我自己更了解自己。"有时我们会对人说："好好想想吧，你自己最了解自己。"真是这样吗？有时是这样，有时并非如此。

人的防御机制是很强大的，在做精神分析时，经常遇到的情况就是当分析到一定阶段，由于来访者强大的防御机制的阻抗，治疗停滞不前。但也时常惊异于多一点点的自我了解所能释放出来的巨大创造力和潜能。也常常看到很多人在自己的世界里挣扎，被自己的恐惧和投射紧紧地束缚却不愿意接受帮助，他们没有意识到自己害怕改变其实是一种阻抗，正是她（他）的经历使之无法信任别人，这恰恰是他们需要克服的一部分。电影中、书中、笑话中，常常有讽刺治疗师告诉病人这是他们的防御机制，好像没有能力的治疗师才这么做。但是，悲哀的是，有时治疗师是对的。

孩子有自己的想法和计划

有一阵子女儿几乎天天都在看《驯龙高手》（*How to Train Your Dragon*）。知道那是个儿童电影，确认适合她的年龄，所以，她看的时候我就干自己的事情，觉得那就是个"stupid kids movie"，懒得去注意具体内容。这已经是两个多月前的事情，等她看腻了也就不去看了，碟也不知扔到哪去。昨天晚上睡觉前她要我今天找出碟片，今天回家时又问我找到没有。所以回到家第一件事就是从堆积的书籍、玩具等中找出那个碟片。

也许是周五的缘故，心情比较放松，所以边做晚餐，边不时地看看这个电影，有一搭无一搭地问她电影情节，发现《驯龙高手》不但极具娱乐价值，而且还很有教育启发意义，也许家有青少年的家长应该看看。电影的其他情节咱先不谈，其中的一部分其实是讲在孩子的成长过程中，一个家长（父亲及族长）和孩子（青春期的儿子）的冲突。家长希望孩子按照自己给他设计的轨迹成长——成为一名屠龙武士，而孩子有自己的想法和计划——成为龙的朋友并驯化龙。在家长看来，孩子的想法可能算是异想天开，龙是部落的敌人，世世代代和龙作战，怎么可能和它们做朋友？摸摸你的脑袋是不是发烧烧糊涂了？

而结果是，孩子不但真的成了龙的朋友，而且挽救了整个部落，从此以后，人们和龙和平相处，其乐融融。而孩子也得到了族人的认可。

在电影中，族长父亲看上去是个粗线条的人，彪悍勇猛，但他还是注意到儿子的异样（虽然不是很清楚），他在观察，在等待。而儿子不但有想法也有勇气去付诸行动（训练龙的过程还真有些惊心动魄，好几次我都忘记自己在做的事情），而且成功了。试想，如果家长的态度再强硬些，逼着他去学习和龙作战，结果会怎样呢？这个孩子的成功，部分得益于父亲给了他还算宽松的环境。

"天鹅"之死抑或是复活

两周之前，一个病人跟我谈起《黑天鹅》（*Black Swan*）这个电影，说看过这个电影后才知道世界上还有其他人和她一样。我当时心里就咯噔一下……我尽了努力，却没能阻止她一步一步地又一次滑进了那个幻觉的世界，住进了医院。最后一次见她时，她身着黑衣，戴着闪亮的黑色发箍，美丽得像个黑天鹅。每当想到她，我的心都无法抑制地作痛。

妮娜是纽约某演出公司最努力和最出色的芭蕾舞演员，在一年一度的天鹅湖演出中，妮娜梦想自己能够得到天鹅皇后（Swan Queen）的角色。因为，得到这个角色是芭蕾舞演员可以一个人扮演白天鹅和黑天鹅两个角色，只有最好的芭蕾舞女演员才可以胜任。妮娜想得到这个角色，因为，那可以证明自己是个完美的芭蕾舞演员。

妮娜和妈妈生活在一起。她的妈妈过去也是个芭蕾舞演员，用她的话说："I gave up to have you."她的生活以妮娜为中心，希望妮娜能够成功，实现她自己没有实现的愿望。妮娜对妈妈是有内疚感的，所以她很努力，做一个妈妈希望的乖女孩，一个好的舞蹈演员，希望能达到妈妈的期望。

公司内部的竞争是很激烈的，导演的要求也很苛刻，明知自己是最好的舞者，仍然没有信心。又有一个从旧金山来的莉莉，不但舞跳得很棒，而且个性自由开放，和妮娜形成鲜明的对比……最终妮娜争取到了天鹅皇后的角色，在一次晚会中，导演宣布了上一届天鹅皇后贝丝的退休，以及妮娜成为新的天鹅皇后。那天晚上，妮娜美丽得像个公主，但心中的紧张也显而易见。

晚会后，贝丝冲向一辆飞驰的汽车，她那双在舞台上旋转的美妙无比的双腿，在失去了它们存在的意义之后，也退休了。

这给妮娜那充满内疚的心灵又加上了一个沉重的负担。

台上一分钟，台下十年功。演出之前的练习是艰苦的，如何将纯洁美丽的白天鹅的气质和黑天鹅充满诱惑又有些邪恶的气质完美地呈现出来？在一遍一遍的练习中，导演总是不满意妮娜的表演，用尽各种方法希望妮娜能够放松自己，表现出黑天鹅诱惑的气质。

随着演出的逼近，还有一个天然的"黑天鹅"莉莉的存在。妮娜的压力是巨大的。起初的表现是她背上的皮疹以及她近乎强迫性的抓挠。渐渐地她出现了妄想和幻觉。她感觉莉莉在设计夺取她的角色，甚至在性诱惑自己。后来她开始看到异常的东西，包括母亲房间的自画像在动在嘲笑自己，感觉自己身体变形，等等。这些都是典型的精神病症状。后来，在恐惧中，妮娜自己摔倒，失去了知觉。这是在演出的前夜。

妮娜的妈妈知道妮娜的病状后似乎并没有吃惊，只说："You saw it."大概她妈妈一直在受这些症状的折磨，大概她一直都在害怕女儿也会有同样的状况。现在，当她的女儿也出现了这样的症状，她甚至感到了一丝解脱。

第二天，当妮娜醒过来的时候，双手被妈妈套上了手套——为避免她抓伤自己。妈妈告诉她已经给公司请了假。妮娜不顾妈妈的反对，强行出门来到公司，大家已经在准备演出，而且莉莉正在练习，准备上台代替她。妮娜坚持上台演出。第一场演出，妮娜很紧张，出了一个差错，她哭着跑下台。在后台，她看到莉莉穿着黑天鹅的服装在她的化妆间并告诉她要替代她演黑天鹅。两人产生冲突，妮娜将莉莉推倒，且不小心"杀死了"莉莉。这时候她已经完全处在精神狂乱状态，幻觉、妄想、情感淡漠。她疯狂了，也彻底放开了。接下来的表演，她性感、诱惑、冷艳，甚至感觉自己真正地变成了一只黑天鹅，一只完美的黑天鹅呈现在观众眼前。在疯狂中，妮娜已经分不清她是毁灭了自己还是拯救了自己？是为了塑造角色而变得疯狂，还是因为疯狂才成就了角色？原来的她是她真实的自己，还是疯狂的她才是真实的自己？但观众已经为她疯狂，掌声经久不息，她的母亲眼含热泪，也已分不清是为女儿的成功而激动还是为女儿的状态而担忧。本来心怀不安对妮娜没有十分信心的导演也惊奇于她的表演，难以掩饰演出成功带来的骄傲和对妮娜的感激。

莉莉在窗口的出现使妮娜恢复了一定的理智，才意识到刚才发生的一切都是自己的幻觉。她也发现，原来自己杀死（刺伤）的其实是她自己。带着伤痛，妮娜坚持演完了最后一场——天鹅之死。躺在床垫上的她因为失血过多而苍白虚弱，但观众的掌声经久不衰，使她得到无以复加的满足。

天鹅死了，抑或是复活的开始？

记不清是谁说的了：每个人都是精神病人（Everyone is psychotic）。我们每个人在某些时候可能都会进入精神狂乱或者接近狂乱的状态，因为压力，因为伤痛，抑或因为需要那样才能承受住那种彻心透肺的伤痛……但那种状态一般都是短暂的，转瞬即逝的，可以自我调节的，很快又会回到现实的世界，恢复与现实接触（reality testing）的能力。如果这种状态持续过久，或者过于强烈，则已是病态，需要外界的帮助。

希望这是妮娜"复活"的开始，希望她随着压力的减轻，从那种状态中恢复过来，而不要因为尝到了"甜头"而不愿回到现实的世界。

同样的祝福和愿望给那位病人。

想象的朋友，真实的陪伴

这是一本"拣来的"小说。邮件室（Mail room）里经常有些书，是别人读过不要的，放在那里谁喜欢谁拿。有一天出门，到楼下发现没有带书又不想再上楼，就到里面拿了一本，放在车里，每当等候的时候看上一会儿，陆陆续续，今天看完了。

《蒂凡尼的星期天》（*Sundays at Tiffany's*）是詹姆斯·帕特森（James Patterson）和加布里埃尔·查博纳特（Gabrielle Charbonnet）的作品，故事情节也很简单，是关于一个女孩珍的故事。珍的父母离异，她的母亲是一个被人称为"完美的薇薇安"的女强人，是很著名的电影制片人，因为事业忙碌，虽然给予珍优裕的物质生活，却不甚关心她的精神需求，珍感觉母亲并不喜欢自己，经常批评她，比如不满意她的外貌和体重。每个星期天，当她母亲在蒂凡尼购物或会见她的朋友的时候，珍都孤单地在那里等待母亲，唯一陪伴她的是她的最好的朋友，一个想象的朋友迈克尔。他们还"一起"度过很多愉快的时光。但是，她的这个朋友，好比是个天使，只能陪伴她到九岁生日那一天，就必须离开她，去照顾其他的小朋友，而她也应该把他完全忘掉。可是，珍并没有像其他小孩子那样忘掉迈克尔，一直想念他，长大后还把他们的故事编成舞台剧在百老汇上演，结果很轰动。而且因为这个舞台剧，英俊的男主角扮演者休成了她的男朋友。于是，在母亲电影公司工作的珍便打算将这个故事搬上银幕，但在筹备的过程中，珍和母亲因为意见和价值观相左经常发生冲突，她的母亲一如既往，控制欲仍然很强，仍然过问她的所有事情，而且，在这个过程中，珍发现休并不真的爱她，只是利用她来获得电影男主角的角色，甚至当珍质问他的动机时，他将珍一个人丢在布鲁克林自己开车扬长而去。珍非常地愤怒、失望和伤心。

就在珍最伤心失望的时候，真正的迈克尔又出现了。迈克尔不但依然年轻英俊，而且浪漫执着，给予珍无条件的支持。绝望中的珍不可救药地爱上了迈克尔。而迈克尔身上也发生了以前从来没有过的事情，比如刮胡子的时候将脸刮破出血，而且他也对珍产生了和以前不一样的感情。他们陷入热恋……这时自我更加强大的珍对母亲进行了反抗，在盛怒之下离开公司。之后，迈克尔找到了珍，两个人到度假胜地南塔克特岛（Nantucket）度过了难忘的一周。晚上，当珍熟睡之后，迈克尔忍痛又一次离去。当迈克尔回到波士顿之后，收到一个信息让他尽快赶到纽约医院，当他赶到医院，才意识到自己这次和珍重逢的原因，他这次回来的使命原来是要帮助珍的母亲（因中风而躺在医院的薇薇安），而不是他原来以为的是因为珍有生命危险。

伤心失望的珍从南塔克特岛回来，很需要母亲的精神支持，但却发现母亲已经生命垂危。在母亲生命的最后时刻珍和母亲尽释前嫌，她理解了母亲对自己的担心和爱，母亲也理解了内心一直挣扎的珍。

故事的结尾是大团圆的。珍和迈克尔结合并有了孩子。迈克尔依然作为假想朋友帮助那些孤独的孩子。

故事情节简单，几乎从一开始，至少从迈克尔再次出现就可以清楚地预见到故事的结局。我喜欢本书前面一部分和最后一部分的描写和叙述，中间的部分，尽管是不可缺少的铺垫，却是浪漫小说的俗套。但这本书至少有两点让我感动。一是作者对童年时期的"创伤"对人一生的影响的描写。二是最后对母爱的认可和相互的理解。

很多孩子都有想象的朋友（imaginary friend），一般认为这是孩子的心理发展阶段的需要，就好比想象游戏一样，对孩子那个阶段的成长是有益处的。但可以想象，孤独的孩子，或者比较内向的孩子会比较多有想象的朋友或者比较多地依赖想象的朋友。随着孩子的成长和心神的发育及对外界接触的增多，他的注意力就会更多地指向外界，对想象的朋友的依赖也会逐渐减少，等长大以后一般也不记得曾经有过想象的朋友，或者只有模糊的记忆。但是，对于儿童时期有着心理"创伤"（这里心理"创伤"的概念完全是心理学的，不仅仅限于受到虐待或者遇到过创伤性的事件，比如父母给予的注意力过少、父母感情不和、远离父母、得不到父爱或者母爱等，都可包括在广义的"创伤"概念之中）的孩子，才难于超越这个发展阶段，于是在她们的幻想世界里面，这个想象的朋友才会一直存在，甚至影响到成年的生活。

人的幻想世界是如此强大，不但影响我们的意识层面，更多地影响到我们的无意识层面，这就是我们有时候会不自觉地做出一些匪夷所思的事情或对某些事情产生无法理解的情绪反应。在《蒂凡尼的星期天》中，作者对此有着很好的描写，比如当珍在餐馆里等待休的时候她的沮丧的反应就和她小时候等待母亲的关注却得不到以及她一直以为母亲不喜欢自己（没有人喜欢自己）有关。如果没有小时候的经历，或者她和母亲的关系不是那样的话，她的情绪反应可能会是不一样的。正在发生的事情＋过去的经历，使她产生了只有珍才有的情绪反应。那么，如果换一个人，换成薇薇安，或玛丽，辛迪，彼得，等等，感受可能是不同的。那些描写是我最喜欢的部分。

如果说上面说的那些部分是我最喜欢的，那么最后对母爱的认同和相互理解则是最感动我并使我泪流满面的部分了。父母同样是人，不是完美的神，即使爱孩子，方式方法总有不完美的地方。父母也是另外的人，即使有知子莫若父或知子莫若母的说法，但毕竟父母不是孩子肚子里的蛔虫，总不能够完完全全地理解孩子的想法和需求，这就难免产生冲突，令孩子不满。这种冲突可能在孩子少年时期和青年时期最为明显。但父母（绝大多数）都是爱孩子的，他们做出某种反应也和他们的过去经历有关，比如珍的母亲之所以害怕珍长胖，特别关注她的饮食，是因为她自己的母亲在 37 岁时因为心脏病发作去世。所以父母对待孩子方式方法上有不完美的地方（虐待是另一回事）并不代表不爱孩子。所以，这种对母爱的认同和相互理解，特别是在母亲弥留之际才尽释前嫌，就特别令人感动。

国王也怕演讲

　　记得以前有个关于不爱江山爱美人的国王——爱德华八世（King Edward Ⅷ）的电影，显然《国王的演讲》（*The King's Speech*）是关于接替他成为国王的弟弟——乔治六世（King George Ⅵ）的。在乔治六世成为国王之前，他是艾尔伯特（Albert）王子，约克公爵。刚来加拿大时，发现密西沙加市（Mississauge）有个奇怪的路名，就叫作约克公爵路，后来查过字典才知道是个皇家的名称。

　　话再说回来，真实的乔治六世也是有严重口吃的，而且，在他接受王位的十年之前就接受罗格的治疗。影片中，国王为了克服口吃的毛病，下工夫练习，终于克服了口吃的困难和对公共演讲的恐惧，成功地完成了作为国王这样一个重要公众人物的职责，这固然令人感动，但最让我感动的是，国王和普通人一样所经历的心路历程。

　　国王是他父亲乔治五世的次子，从小生活在其哥哥大卫的阴影之下。他体弱多病，且是左撇子，后来被强制纠正过来。父亲对他们要求严格，但父母不照料孩子日常的生活而由保姆代替，可以想象他们和父母的亲密及依恋关系是没有建立起来的。而保姆偏爱大卫，不喜欢艾尔伯特，每当要向父母汇报时，保姆就故意掐他，使他不敢说话，渐渐地发展成口吃。另外一个创伤就是弟弟约翰王子的夭折。艾尔伯特本来不是王位的继承人，他哥哥才是。父亲去世后，哥哥顺理成章成了国王，但由于他哥哥想要和一个离过两次婚的美国女人结婚，根据当时的英国法律，他如果坚持和她结婚就必须放弃王位。于是为了爱情，爱德华八世在成为国王一年后宣布放弃王位，成了历史上的一段爱情"佳话"（能够为了爱情而放弃王位固然令人钦佩，但这后面的心理缘故相信也是一个精神分析的上好案例）。于是，艾尔伯特成了国王。第二次世界大战的爆发，把他推到了历史的风口浪尖上。

值得一提的是国王和演讲训练师罗格的治疗和友谊关系。罗格并没有受过正规的医学训练，所以一开始他就主张直呼姓名，但无疑他是个非常有智慧的人。他尝试用各种方式来帮助国王，包括肌肉放松、呼吸调节等。同时，他也是个很好的"心理治疗师"：他以平等的态度对人，渐渐地使国王放松作为皇家人的矜持，慢慢变得活泼、放松；他也鼓励国王谈过去的经历，使国王意识到孩提时的经历对他过去和现在的影响；他鼓励国王不断尝试，不要放弃，提高他的自信心。当国王能够放下心中的负担后，他对演讲的恐惧也就随之减轻了。加上他们对演讲的训练和练习，使国王在第二次世界大战中的第一次演讲非常成功。另外，罗格也成为国王一个重要的精神支柱，在国王加冕典礼上，国王要求罗格和他的家人一起坐在皇室包厢里。

很多口吃的原因都是心理源性的，记得我在接受家庭治疗训练时，第一个自愿做治疗演示的家庭就是一个孩子口吃的案例。

另外，在这部电影里有两个聪明的女人，她们真是非常有智慧，令人想起每个成功的男人背后都有一个伟大的女人的说法。这两个女人一个是国王的妻子，伊丽莎白王后，另一个是罗格的妻子。罗格的妻子真是个非常聪明的女人，虽然她的镜头不多，甚至形象都很模糊，但令人难以忘记。

不可能的营救

《生死停留》是一部有关心理和精神疾病的电影。电影中一个精神病医生山姆接诊一个艺术系的大学生亨利。这个年轻人声称杀死了他的父母，并且决定在星期六，他21岁生日那天自杀。山姆为了拯救亨利，进行了种种努力，在这个过程中山姆遇到了种种奇怪的事情，比如亨利似乎可以预测未来发生的事情，比如冰雹、幸运饼干里面纸条上的话，山姆还遇到亨利死去的父母、女友等，让人感到惊悚和不解。但作为有着精神病和心理治疗工作经验的人对发生的一切都觉得在"情理当中"，一切都是可以解释的，而且在临床工作中，也并非不常见。

而事实上，山姆所经历的一切其实都是他的幻觉。真实的情况直到影片的最后才揭晓：原来山姆路遇一场车祸，一个年轻人车祸中受伤，奄奄一息。作为医生的山姆和作为护士的伊丽莎白伸手相助，一枚钻戒遗落在地上，那护士还在年轻人弥留之际满足了他的最后一个愿望，"答应"嫁给他。但无奈那年轻人受伤过重，在急救人员到来之前已经撒手人寰。充满遗憾和内疚的山姆和护士相约去喝一杯。

　　想来山姆因为没能挽救年轻人的生命而深感内疚，于是在他的幻觉之中上演了一场挽救年轻人"自杀"的一场惊心动魄的"经历"，事故发生现场围观的人都成了那场"经历"当中的人物。那个护士成了他的女友；围观的一个亚洲人成了一名精神病医院的医生；另一位女性目击者成了另一位深陷忧郁的精神科医生；那个小男孩在现场问他的妈妈"那个男人会不会死?"的话在"经历"中反复出现；那对老年夫妇所说的"He won't make it"也在"经历"中出现。山姆甚至可能将自己的幻觉付诸行动（也许部分地付诸了行动，这也是令影片扑朔迷离的地方）。比如他和警长的对话可能就是真的，当他问警长那年轻人的母亲是否长着棕色的眼睛时，警长说她有着全城最蓝的眼睛，令山姆自己也非常困惑（不排除影片的关于年轻人的背景，有真实的地方，也许作为医生的山姆有着可以查看病历的特权）。

　　在他的幻觉世界里，山姆，作为在曼哈顿私人执业的精神科医生，不遗余力地要挽回想自杀的亨利的生命。

　　而山姆在那场"经历"中所做的种种努力实际上都是为了克服他内心内疚感的需要。当然，也可能这种内疚感和他的内心世界产生了共鸣，也可能山姆本来就有精神方面的问题，而那场车祸正好成了一个"扳机"。

治疗也是被治疗

《当尼采哭泣》（*When Nietzsche Wept*）本是欧文·亚隆（Irvin D. Yalom）写的一本书，发表于 20 世纪 90 年代初期。亚隆是美国的一个精神病学家和作家，是一个存在主义者（existentialist），在小组心理治疗方面很有建树。除了专业著述之外，他还写心理小说，《当尼采哭泣的时候》是其中一本。

今天看过根据这本书拍的电影，算是坐了一趟快车。

电影中，尼采（Friedrich Nietzsche）的女友露·莎乐美（Lou Salome）找到当时奥地利著名的医生约瑟夫·布洛伊尔（Josef Breuer），希望他能够用他倡导的但还在萌芽阶段的"谈话疗法"治疗有自杀倾向的哲学教授尼采。布洛伊尔医生当时也正因为爱上他的一个女病人伯莎（Bertha，即有名的 Anna O），与妻子关系疏远而冷淡，拼命地压抑着内心的绝望。为了让尼采接受治疗，他们达成一个协议，即布洛伊尔为尼采提供医学的治疗，而尼采用他的哲学思辨帮助布洛伊尔解脱精神的痛苦。结果呢，他们实际上在进行相互的"心理治疗"（谈话疗法）。

电影中当时年轻但后来大大著名的精神分析的鼻祖西格蒙·弗洛伊德也

以年轻但睿智的形象出现在剧中，不过他的戏份较少。

影片精彩和高潮在后半部，尤其是临近结尾的时候。随着约瑟夫向尼采越来越多地暴露其生活中不为人知的另一面，他们两人都进入了"治疗"和"被治疗"的角色和状态，尤其是约瑟夫那些感情色彩强烈的梦境，以及他们对梦的理解和讨论，将影片推向一个个高潮。他梦见自己和伯莎做爱，梦见他央求尼采（梦中的将军）的拯救而尼采却枪杀了他。影片揭示了对死亡的恐惧和在貌似完美的生活状态下隐藏的近乎绝望的孤独状态以及对于爱、温情、认可的渴望，这些元素都非一般的震撼着人的心灵，因为几乎每个人的内心深处都或多或少地存在着这些东西。影片的后半部也有很多精彩对白，比如尼采说当孤独说出来以后就不是孤独了。他说："Nothing is everything."比如尼采让约瑟夫想象如果他不做任何改变，那么即使他能够重生，能够一遍又一遍地重生，他的生活都是一样的，而他真正想要的生活只能一直存在于他的内心深处。

还有一个特别感人的场景，就是约瑟夫和尼采在墓地的那段。约瑟夫的母亲在他三岁的时候去世，他自觉对母亲已经没有多少记忆，但他会每月两次去为母亲扫墓送花。在墓地，尼采发现一个约瑟夫一直没有告诉他的事实，即约瑟夫母亲的名字也是伯莎。不仅尼采，他俩都为这个发现而吃惊，因为约瑟夫之前从来没有在意识层面将母亲的名字和那个病人的名字联系起来。这个发现使他们对整个事件有了更深的领悟。约瑟夫不仅是个渴望爱的人，原来他对母亲的去世一直怨恨不已。"她怎么能扔下我不管？"约瑟夫呐喊而出！这时，尼采也讲了一个他的梦，就是他死去的父亲从坟墓里出来，将一个男孩带回坟墓。尼采说他一直以为父亲带走的是他夭折的弟弟，后来他才意识到那个男孩其实是他自己，他一直害怕父亲会将他带走。

就在今天早上一个人告诉我他昨晚的一个梦。他梦见五彩缤纷的美丽的

126

水晶花和他已经去世的母亲和哥哥，母亲在梦里特别的亲切。他的梦立刻使我几乎流下泪来。逝去的、无法重生的爱，历月经年依然是内心深处的伤痛，其中交织的各种情感真是语言无法表达清楚的。

我认为电影的败笔之处恰在结尾，就是约瑟夫通过催眠才走出内心的困扰。我认为约瑟夫通过在墓地那段已经对自己及自己生活的认识有了一个很大的飞跃。最后的修通，根据约瑟夫本人的理解力来看，完全不必依赖催眠来完成。

现实中，尼采是19世纪的德国哲学家，对存在主义和后现代主义思想影响很大，但他的思想因为缺乏系统性而备受争议。他最著名的作品是《查拉图斯特拉如是说》（*Thus Spoke Zarathustra*）。露·莎乐美是个作家，是尼采深爱的一名女子，他们在一起生活过一段时间，但她拒绝了尼采的求婚。尼采的健康一直不好，后来因为精神问题住在精神病院。尼采的父亲是个牧师，在尼采五岁时因脑软化去世，他的弟弟两年后也因病去世。尼采的妹妹是个反犹太主义者。

约瑟夫·布洛伊尔和西格蒙·弗洛伊德是亲密的朋友和同事。他们共同著有《歇斯底里症研究》（*Studies on Hysteria*）一书。安娜·欧（Ann O）是精神分析史上一个著名的神经症（歇斯底里）案例。布洛伊尔对早期精神分析的发展有所贡献，而弗洛伊德被公认为是精神分析的奠基人，在精神分析方面著作甚丰。他的思想被认为经典，对精神分析依然有着他人无法比拟的地位，对19及20世纪西方社会的发展也有重要影响。

天呐，为什么他突然就去了

有人打电话来咨询忧郁和自杀的事情，他说有一个朋友，大家都认为这个朋友乐观、向上、对人非常贴心，人缘好，大家都喜欢他，最近辞去了工作，大家都以为他另谋高就了，却忽然有一天在他母亲的后院上吊自杀了。他说百思不得其解，怎么好好的一个人就这样去了呢？虽然出事后才知道那个人两年来一直在吃抗忧郁的药物，但他绝对不像已经绝望到了要结束自己生命的程度。

为什么会这样呢？

忧郁症患者通常有隐藏很深的消极观念和绝望感，这种绝望感可能和他真实的处境或前景不成比例。有的人在别人看来处境很好，甚至被人羡慕，但内心的绝望感可能仍然很深。那么当一个人有这种绝望感的时候会怎样反应呢？是的，有的人可能会消沉、愁眉苦脸、自暴自弃，但也有的人会努力地掩盖自己的绝望感，就好比脸上有个疤会用粉底化妆掩饰起来一样。所以，表象中，别人不但看不到他的忧郁，他甚至表现得比一般人都乐观、上进。有的人更会像工作狂一样投入工作或者不断地学习进取不停地超越别人中。有的人则会及时行乐，找各种刺激让自己兴奋起来。在这里掩饰有这样几个功能：其一，这是一种否认。先把这种不愉快的感觉从意识中抹去。不但自己否认，还让别人一起帮助他否认。其二，忧郁症患者患病时通常有力不从心的感觉，甚至感觉自己一无是处，丧失自信，没有安全感。越是这样，自尊心越是强烈，生怕别人看扁自己，于是就拼命地表现自己，生怕别人看扁自己。其三，自己的伪装有时候也确实能够让自己感觉到较少的忧郁，确实能给自己带来一定的安全感，所以，也是自我治疗的一种方式。

内心绝望表面乐观和真正的乐观自信是不一样的，因为他在这个过程中并不能真正享受成功的乐趣和与人交往的快乐，内心的绝望和悲观其实一直存在，而且越藏越深，心里是很累很累的。所以，有一天可能就再也挺不住了。这就是为什么有时我们会看到有些高功能（high functional）的人"忽然"有一天，在也许有一些但也许没有诱因的情况下，陷入无法自拔的深度忧郁当中，甚至有一天就去了。抗忧郁药可以有帮助，但对有的病人其实只是起到暂时麻木的作用，内心的绝望感并没有消除。这种情况对那些有过创伤经历，有事发诱因，或有些心结没有解开的病人更加常见。

他的另一个问题就是心理治疗会不会有帮助？我想上面的叙述已经回答了这个问题——心理治疗是有帮助的！在这些案例中，心理治疗不但有帮助，还将起到关键性的作用。谈话疗法可以帮助你解开心结，分析忧郁的深层原因，平复旧的创伤，和心理治疗师建立一个信任的联系，得到倾诉的机会。因此，心理治疗可以使之早日减轻、解脱痛苦，避免悲剧的发生。从业二十年来，见过的忧郁症的病人不计其数，从来没有一个人走到自杀的那一步。除了我非常幸运之外，相信心理支持是非常重要的因素。

谎言与伤害

什么叫说谎？告诉别人不真实的信息和故意不告诉重要的信息（not telling the critical information on purpose）都是说谎的表现。

从小，我们的父母（相信绝大多数是）和老师都教导我们要诚实，大部分社会也都强调诚实的重要性。诚信对于社会的健康运行是重要的，对人际关系的健康发展甚至个人的心理发展也是很重要的。所以诚实或不诚实，说谎或不说谎，其实反映一个人的一些心理状态，比如其安全感、其自信、其对他人的尊重感（sense of respect）。

另外，诚实很重要还在于我们大都会根据他人提供的信息来做出一些假设，并且根据这些假设而做出相应的反应—行为上的和情绪上的反应。比如，你说我爱你，那么对方可能就根据你爱她（他）而产生相应的情绪和行为反应，并可能有所付出和回应。但如果其实你并不爱她（他），那么当对方发现这个事实的时候，就会有被欺骗的感觉，就会产生愤怒的情绪，这种愤怒不但会针对对方，而且可能会指向自我，恨自己的愚蠢和轻信（关于这个我好像在其他文章里有过较详细的讨论）。

　　谎言带来的伤害是很常见的。试想，如果你告诉你的配偶你每天很晚回家是因为你为了家庭的生计在努力工作。你的配偶可能会对你心存感激，不但更爱你，而且很心疼你为了家庭付出这么多的精力和体力，因此对你更加温存、体贴，不但让你减少家务的负担，而且想方设法做营养丰富的食物，来照顾你的健康。但如果有一天发现你经常晚回家并不是因为工作，而是因为有了外遇，原来他（她）一直相信的不过是个美丽的谎言，你的配偶会有怎样的情绪反应和心理体验呢？对你们的关系会有什么样的影响呢？这种因谎言带来的伤害，是否能够完全恢复呢？

　　如果你遇到一个人，你深深地被吸引，你很想和她（他）发展一段浪漫的关系，然后你想方设法地接近对方，不但甜言蜜语，极尽温柔，并告诉对方你终于找到了一直在寻找的另一半，而且你事业有成，特别是你是单身。对方终于被你打动，同意和你一起发展一段感情，谱写一个爱情篇章。但如果有一天，对方发现你不但不是单身，而且有孩子有家庭，或者发现你男（女）朋友一大串，你对每个人都说着同样的话，写着同样的信，对方会是怎样的情绪反应和心理体验呢？对方今后会怎样对待其他的人呢？是否会因为这次谎言的伤害而无法信任其他的人，即使这个人是真诚的？因为，被欺骗的感觉实在很不好，实在不想再经历第二次。

　　如果你每天都在电脑前埋头苦干，你告诉老板工作太多，必须加班加点。于是你老板给你加薪提职，对你的努力工作心存感激。但如果有一天老板发现你每天之所以干不完工作是因为你在上网聊天或者在经营淘宝网站，老板会怎样想？结果会怎样呢？

　　一个人摔倒了，好心的人扶她起来，表示感激是顺理成章、理所当然的。你得到了帮助，助人的也得到了助人的满足。但如果你不但不感激，反而诬陷别人伤害了你并提起官司诉讼。那助人的人会有怎样的情绪反应和心理体验？以后其他的人在伸出援助之手的时候会不会犹豫呢？

众所周知，加拿大是个福利社会，很多服务机构，包括非政府机构，为了照顾低收入群体的需求都有折扣，而且一般地都基于对客人的信任。但也有一些人为了占便宜要求折扣，但后来如发现这些人不但不贫寒而且非常富有，服务者会是什么样的感觉？

你也许可以争辩：人有说谎和不说谎的自由，你有相信和不相信的选择。可是，在有些关系中，信任是最基本的基础，比如夫妻（情侣）关系，比如医患关系。所以，在这样的关系中造成的伤害也是最严重的。

说谎者往往以为自己能骗过其他人，自己的谎言不会被发现，可"不幸的是"（或者说幸运的是），人们往往可以从蛛丝马迹中找到谎言的痕迹：语调、眼神、身体语言、前因后果、生活方式等，尤其在亲密的人之间。这也是说谎容易给亲密的人造成伤害的原因之一。

说谎的原因当然很多，有现实的原因，也有不健康的心理原因，而且这些心理的原因大都值得探索。从来不说谎的人是没有的，我们有时候出于保护说些善意的谎言是另外一回事儿，但很多情况下，谎言会给人带来很不愉快的体验，以致伤害与他人的关系，甚至会给人带来心理创伤。说谎也会给说谎者本人带来心理负担，因为他（她）需要不停地用新的谎言来圆旧的谎言。另外，谎言和故意不告诉一些重要信息都是说谎的表现。而且，谎言被揭穿的时候，同样会给说谎者带来不良影响（现实的及心理的）。说谎与否只关系对人的尊重与否。其实，说谎本身除了缺乏对他人的尊重之外，说到底，也是对自我的不尊重。

中国妈妈 or 西方妈妈

看到一篇文章，题目叫《为什么中国妈妈是一流的?》。作者蔡美儿也是《我在美国做妈妈》一书的作者，她同时还是耶鲁大学法学院的教授，这篇文章正是摘自她的畅销书《我在美国做妈妈》。

不知为什么看完这篇文章我有些忧心忡忡。忧心的不是这篇文章本身，而是这篇文章的作者——作为一名美国学者——的观点对人带来的误导。

中国妈妈是一流的是因为中国妈妈慈爱、勤劳并愿意为孩子做出牺牲，而不是因为像作者那样把自己的意愿强加在孩子身上并用强制的手段强迫孩子遵循自己的意愿。一流的中国妈妈关心孩子的身体健康，用心烹饪搭配孩子的饮食；一流的中国妈妈关注孩子的学业和成长，但是用爱心引导，因材施教，鼓励孩子发挥他们的潜能；一流的中国妈妈在关心孩子学业进步的同时还关心孩子的心理成长，关心孩子的喜怒哀乐，不会用冷漠的态度强迫孩子完成她所希望孩子完成的事情；一流的中国妈妈会用自己博大的胸怀宽容孩子犯过的错误仍然一如既往地爱她的孩子，不会因为孩子不会弹钢琴或者没有考到 A 而减少对孩子的爱；一流的中国妈妈是孩子的好后方，当孩子在外面受了委屈或者心身疲惫的时候，会来到好妈妈的身边寻找安慰，加油充电，然后重新面对人生和事业的挑战。

当然，这是理想的中国妈妈，而且世界上所有的一流妈妈可能都具有类似的特点。一流的爸爸又何尝不是如此呢？理想的标准当然不是所有的人都能达到，任何做过父母的人都有体会：有时候会失去耐心，有时情绪不好，有时有挫折感或生气，有时也会指责或说出不理智的话。是的，父母也有自己的需求和期待，对孩子抱有期望是自然而然的事情，但是，好的父母都会考虑孩子的愿望和需求，并尽量通过循循善诱的方式和孩子进行沟通。其实，即使父母不说，孩子一般也清楚父母的期望，他们从父母的人生观、价值观、生活状况、对生活和工作的态度、对他人的态度等能够猜出父母对自己的期望。不可低估父母对孩子的影响力，这种影响力不仅仅包括给孩子提供多少物质的需求和帮助孩子取得了多少具体的成绩，还包括对孩子心理健康的影响，一个被父母贬低长大的孩子，即使取得很高的成就，其自我价值感（self-esteem）也可能仍然不高，可能一生都怕别人看不起自己，可能发展出很多心理和精神的障碍，临床上这些例子真是不胜枚举。作者认为让孩子掌握某种技能就能给孩子自信，但只能给他们在这项技能方面的自信，如果用强制的手段达到技能的掌握，却有可能对其做人的自信有负面影响。作者的主观出发点可能是为孩子好，不少父母像作者那样，相信孩子有一天能够理解自己的良苦用心。是的，有一天，也许孩子从理智上能够理解父母，甚至感激父母，但对心理的伤害却已经形成，所以，如果作为父母，希望孩子成为快乐的人，在对孩子培养教育时，就应该考虑对孩子心理发育这方面的影响。

对孩子不是不可以引导甚至批评，但是，如果不断地对孩子说你无用、废物、蠢材、白痴、肥胖等字眼，为了让孩子服从，采取"不准吃午饭，不准吃晚饭，没有圣诞节礼物，没有光明节礼物，不准办生日聚会，两年，三年，甚至四年"则可称为情感虐待（emotional abuse）。作者自己也提到当她父母叫她"废物"时，自己也感到不安和深深的愧疚。是的，不安和愧疚是人类的情感，人人（反社会人格的人和没有自知力的人除外）都在某些时候产生过这种情感，但如果这种愧疚感反复在小孩子的心里出现，结果会怎样呢？作者自己成为母亲后的表现，是否受她自己经历的影响呢？作者在文中提到一个细节：在一个客人听到她的话后，感到非常痛苦不安，还流下了眼泪，并早早地离开了晚宴。为什么呢？是不是她的话勾起了客人的某些记忆呢？我只能说作者自己心理很不敏感。

同理心对一个人很重要，对父母也很重要，有同理心的父母会从孩子的角度来体会孩子的感受，会悉心呵护孩子幼小的心灵，而不是简单粗暴地对待。

作者还提到，练钢琴过后，她让孩子和她一起睡觉，孩子仍然依偎着她，再没有隔阂。是的，当你呵斥过孩子，甚至打过孩子过后，孩子还会跟自己亲密，甚至会讨好自己，这是因为孩子是弱小的，你是大人，是强大的，他们要依赖你，需要你，身体上和情感上，这不仅是因为担心如果不讨好大人，后果会怎样，而且也因为她确实是爱你需要你。那不仅仅是担心没饭吃，没礼物，不能去卫生间。这就是为什么被虐待的孩子仍然会表示不想离开父母。这不是简单的爱与恨的问题，爱与恨也可以是交织的，孩子当然无法这样逻辑地思考问题，但他们有自己的直觉，而且通常还挺准。

还有，即使和好了，忘记了，负面影响依然可能已经产生了。

也许孩子钢琴弹到十级，也许孩子掌握了很高的技能，但被扼杀的有可能是孩子的创造力和激情（非指真正有天赋并喜欢钢琴的孩子。仅以钢琴为例）。记得曾经和几位心理学家和精神病学家谈论某个很知名的钢琴家，这位钢琴家以高超的弹奏技能著称，但大家都感觉他的弹奏缺乏创造力和灵魂。大家对此钢琴家的经历有所了解，据说其小时候练琴非常辛苦，是被父母逼着练琴的（已到虐待的程度），其为父母而练琴，非发自内心的热爱，怎会有自己的灵魂？

作者的用意是想和人分享其教育孩子的经验，无可厚非。我认为做中国父母还是做西方父母的问题，不可走极端，西方教育和中国（东方）教育各有优劣，应用时择优劣汰。还有，懂一些心理学知识还是有帮助的。

幸福的元素

是什么使人感到快乐、幸福？恐怕各有各的说法。丹·比特纳（Dan Buettner）走遍世界各地寻找人们感到最幸福快乐的地方，然后写了一本书叫做《去最幸福的四国找幸福》（*Thrive*：*Finding Happiness the Blue Zone Way*）。他说人对于自己的经历只能回忆3%，所以他评价人幸福度的方法是评价人们时时刻刻的快乐指数，并据此评选出世界上最快乐的地方。

令人惊奇的是，在他的幸福名单里面，世界上最快乐的地方是丹麦。丹麦被评为最快乐的地方是因为那里的人们：①收入比较平等，垃圾收集工人几乎和律师挣得一样多；②有较多的时间社交；③能找到令自己满意的工作；④有较多的长周末/短期休假，每年假期总计4～6周的时间。

第二最快乐的地方是美国加州的圣路易斯奥比斯波（San Luis Obispo），这里被称为最快乐的地方之一，是因为它交通方便，无论乘车还是骑自行车上班都很方便。另外，这里人们社会交往的机会也较多。

在亚洲，人们感觉最快乐的地方令人惊奇的是新加坡。这里的高税收所致的社会福利和服务可以使人们和年长的父母住在一起。比特纳发现，就社交而言，人们其实喜欢和父母保持联系。从心理学来讲，我认为这和依恋关系（attachment）得以延续有关。

第四个快乐之地，是墨西哥的新莱昂州（Nuevo Leon）。这里的人们感觉快乐是因为他们的宗教信仰。比特纳认为，总体上来讲，有宗教信仰的人比无宗教信仰的人要快乐一些。再就是，在新莱昂州，人们社交的机会较多。

由此看来，似乎两大因素在决定人们是否快乐与否方面起着重要作用：一个是经济方面，即财务安全或者说财务稳定；另一个就是社会交往，亦即与他人的交往。当然，比特纳的研究是一种群体性的总结，我认为，就个体来讲，幸福因素还应包括是否有一个令人满意的关系，指婚姻或配偶关系，也就是说是否有被爱的感觉；是否有比较令人满意的自我实现。这两个因素都关系到感觉生命具有意义与否。

"性"本善

　　和一病人会谈，谈到她最近的恋爱关系。她说他们相互喜欢爱慕但是对方过于亲昵的言行令自己不快，感觉很不适应。她过去的感情经历使她对新的感情具提防之心，这令人很容易理解。但经过仔细询问，她说自己在感情方面一向保守，即使再喜欢对方都很不会说出那么亲昵的话来，而且总是轻易不表达自己的感情，经过再三斟酌考察才会试着和人发展关系，属慢热型，且似乎有感情洁癖。

　　这可能和她本人以前的感情创伤有关，但也可能和她从小所受的教养有关。父母对性的态度，以及是否经受过有关的创伤，比如性虐待，对于一个人对性观念和性态度的影响是不可忽视的。

　　"食色，性也"，就是说食欲和性欲都是人人具有的，是正常的，是"善"（含自然之义），无所谓邪恶与否，而且人类的繁衍至今为止仍要依赖于此。过于压抑性需求不但影响心理正常发展，也可能影响与配偶的关系。婚姻辅导和咨询中就常见夫妻（配偶）性关系不和谐而致长期关系不和，甚至离婚/分手的例子。性的满足从青春期到老年都是有需求的，最近温哥华

（Vancouver Sun）的调查发现在 55 岁以上的人群中，在一个月内，约一半没有性生活，约一半有性生活，而其中 14% 左右有 6 次以上性生活。而且在美好的性爱之夜和舒服的呼呼大睡之间，37% 的 55 岁者表示更喜欢前者，这说明性生活对这一年龄段的人来说仍然很重要。

精神分析的鼻祖弗洛伊德认为性在人的心理动力中起着重要作用（当然他的性和普通意义上的性还是有区别的），这是在心理学理论和临床实践中已经经过充分论述和验证的。

负担还是财富

——关于痛苦性记忆和创伤后应激障碍（PTSD）

见过许多人备受痛苦记忆和创伤后应激障碍的折磨。创伤性事件所致创伤后应激障碍（PTSD）可以让一个人功能受损——轻者焦虑、失眠，重者可以完全失去工作、学习和生活的能力，连性情都会改变。

创伤后应激障碍（Posttraumatic Stress Disorder，PTSD）是指个体经历过威胁生命事件之后出现的一组有特征性和持续存在的症状群，并且导致一定社会功能的丧失。

PTSD 的主要临床症状有：

1. 持续地重新体验到这种创伤事件。如：

（1）反复闯入性地痛苦地回忆起这些事件，包括印象、思想或知觉。

（2）反复而痛苦地梦及此事件。

2. 对创伤伴有的刺激作持久的回避及对一般事物的反应显得麻木。如：

（1）努力避免有关此创伤的思想、感受或谈话。

（2）努力避免会促使回忆起此创伤的活动、地点或人物。

（3）不能回忆此创伤的重要方面。

（4）明显地很少参加有意义活动或没有兴趣参加。

（5）有脱离他人或觉得他人很陌生的感受。

（6）情感范围有所限制（例如，不能表示爱恋）。

3. 警觉性增高的症状，表现为：

（1）难以入睡，或睡得不深。

（2）激惹或易发怒。

（3）难以集中注意。

PTSD 也可以和抑郁症或其他精神和身体疾患同时出现，因此也可以有自杀念头和倾向，如果干预不及时，则可能迁延不愈。所以 PTSD 是需要加以重视的。

凡是患过或见过身边的人患有 PTSD 的都比较清楚创伤性经历和痛苦记忆力量之强大，相信不少人都会想将那些痛苦性的经历摸去，恢复到"原来的自己"。今天在我的网站转帖了一篇文章，说是美国科学家找到了可永久性删除痛苦记忆的办法，在负责控制动物恐惧的大脑区域——杏仁核内发现一种蛋白质，如果能够找到调控并提高这种蛋白质删除效率的药物，则可能删除那些痛苦的记忆。

听起来是一件非常好的事情，我也盼望这种药物早点研制成功。但是，这真的是一件好事吗？今天脑子里老是在盘旋着这个问题。我们的先天因素加上我们的经历塑造出我们自己，就拿我自己来说，活了大半辈子积累了很多幸福快乐的记忆，也有不少不堪回首的记忆，那么如果有那么一粒药在我手里，如果我吞下去，那些痛苦的记忆就都消失了，我是否会毫不犹豫地吞下去呢？我想我不会，至少会非常犹豫。因为我会想，吞下去的结果会怎样呢？是的，痛苦的记忆是没有了，但是，我的记忆是否会出现无法弥补的空白？当我回首往事的时候，会不会因为那些无法填补的空白而异常困惑？那难道不是一种痛苦吗？再说，当一个人经历过一件事后，特别是经历过重大事件后，不光会留下相应的记忆，久而久之，你的思维方式、行为模式，甚至整个性情都会发生相应改变，即使有关的记忆消除了，那么这个事件在你身上留下的痕迹能够消除吗？

我们都知道孩子们天真活泼，无忧无虑，而成人则多胸有城府，思虑体验深沉。为什么会这样呢？这是因为成人有更多的经历，经历过很多事情后，就变得世事练达，对事情的体验也愈加深沉丰富。这些正是人生的财富。其实很多事情既是负担也是财富，好多情况下就看你怎样认识它们。所以，我始终认为单纯消除记忆实则被动之举，毕竟发生过的事情不能逆转，人生无法重来。重新认识那些经历，必要时寻求心理辅导和治疗，我们称为修通（working through），让它们为我所用才是积极态度。

谈话治疗到底有没有效果

　　不断有人提出这样的疑问，即谈话治疗到底有没有效果？他们认为谈话治疗就是谈话而已，似乎和一般的谈话并没有什么区别。其实谈话治疗看似简单，要做好谈话治疗比其他形式的心理治疗更需要较深的功力。其他的心理治疗，具有较具体的方式可寻，但谈话治疗比较灵活机动，需要根据病人不同的情况进行调整。而且，要在看似平常的谈话过程中发现和了解病人的心理机制并进行干预，一切都在潜移默化中进行，没有深入的心理治疗训练，没有丰富的临床经验和对病人的理解能力，是不可能做好的。正因为谈话治疗看似简单，所以很多没有经过充分训练的人也在提供所谓的谈话治疗，其效果就可想而知了。可以这么说，如果对病人的理解不正确或不充分，或只凭自己的个人经验、常识、一腔热情、如簧巧舌，或社会道德标准来下判断或给病人提出建议，是不负责任的，其危害也是不轻的。就好比一个外科医生还没有搞清楚病变在哪里就下刀子一样，即使割下来一块组织也不知道割下来的是坏死的组织还是一块健康的组织。也许本来病变在腿上，却把胳臂给割了下来。你刻意加强的也许正是病理的那块，而你费力要改变

144

或去除的也许正是病人心理机制中最有活力的那部分。加上你的"心理专家"身份，给病人带来的遗患是不可不注意的。这也需要病人在求助的过程中要小心判断。

精神分析性心理治疗相对于某些形式的心理治疗，需要的时间可能较长，但作用通常会比较持久。要成功地进行精神分析性心理治疗，也需要病人有个心理学思维（这种思维也可以在治疗过程中，在治疗师的引导和启发下，逐渐培养起来），并对自己的心理活动感兴趣。

自合——与自我和谐相处

为了驱赶炎热带来的烦躁，秉烛（昏暗的床头灯下）握卷夜读《合掌录》，阎宗年教授和星云大师颇富哲理和智慧的对话，把我带入平和的精神享受境界。里面有很多精彩的语录，其中阎宗年教授谈到自古以来人的成功需要四大因素的契合，就是要天合、地合、人和、己合。我们常说天时地利人和，这些都是成功的重要因素，阎教授加上己合这一项体现出他的智慧。人说时势造英雄，这是讲天时。创事业，做生意，在您熟悉的地缘文化当中，比较容易成功，移民在国外因为文化、语言等的障碍，难以施展拳脚，就和地利有关。我们都知道人脉关系对事情的成败是很重要的，国内讲究关系网，国外注重 network（人际网），这都是人和的重要性体现。一般人都不会忽略与天之和、与地之和及与人之和，并愿意花时间、精力和金钱在这些方面进行投资。但是，人们往往忽略与己之和，而我认为己合恰恰是最为关键的一方面，因为它很大程度上决定着你和"天、地、人"和的程度。能否与"天、地、人"和谐相处，以及能否把握住成功的时机。

有人可能会说：人自然会与己相合，谁会自己跟自己过不去呀？人往高处走，水往低处流，就是说人一直都是想进步的，都是想一天比前一天更好一些，所以我们求学、工作、成家、生子，努力提高自己，试图完善自己，希望拥有个成功、完美的人生，人怎会故意和自己过不去？没错，人是不会故意和自己作对的。但是，人常常无法自己和自己和谐相处，从心理学上讲就是因为我们从出生到现在，有着各种各样的经历，有过恐惧、害怕、惊喜、悲伤、失望、满足等，有过期待、有过丧失、有过成功，也有过失败。我们成长的过程中，有过被关爱的经历，也有过被忽视甚至被虐待（身体上抑或心理上）的经历。这所有的一切加起来就是我们的内心世界。在这个奇妙、神秘的世界里，有些是我们清醒的意识感觉到的，有些（更多的）则被深深的压抑在潜意识之中，我们并没有意识到，但它们却也时刻影响着我们，使得我们难以自己和自己和谐相处。比如，本来该爱的时候，你却怨恨了；该原谅的，却嫉恨了；本来有能力做到的事情，却恐惧、害怕了；本来该高兴的，却担忧了；本来该享受的时刻，却焦虑了……一时的过错，却全盘否定自己；一时的成功，却妄自尊大。明明知道你的亲人朋友是爱你的，你却满怀怨恨；明明知道再进一步就会落入深渊，却不知被什么力量拉着、推着就是停不下脚步；明明知道有些行为对己对人都无益处，却就是停不下来，比如赌博、自伤、自残。

己合的重要性在于它会影响你与其他三和的关系，最明显和直接的莫过于与人和的关系。拿常见的人际关系为例：如果你对自己内心的恐惧和敏感点不清楚，在与人的交往中就容易敏感、嫉妒、过度防御或者具有攻击性，不但影响你与他人（爱人、家人、朋友、同事、上司、邻里等）的关系，而且也影响你对地利的充分利用和对时机（天和）的把握。

最近遇到一个案例，充分说明了己合对人和的影响。一对情侣，两个十分聪明的人，都有着在以前的恋爱和婚姻关系中被伤害的经历，两人都很爱对方，但由于一件小事引发了一场误会。事情本来很简单，一方身体有一些小毛病，另一方督促其就医。结果他认为对方是在嫌弃自己等，无论对方怎样解释都无法令他相信督促其就医是出于关心他的良好初衷。……一而再再而三，她也开始怀疑对方是在借这个借口要结束关系，是因为他厌倦了自己，或者他有了新的喜欢的人，只不过他想表现得有情有义，要把分手的责任推给自己。但是他们理智上又都觉得自己的怀疑是没有根据的，理智和内心的感觉在斗争。这就是一个因为自己受过去经历的影响，内心的某些恐惧在无形地影响着自己，尽管他们都认为自己已经从过去走了出来，不再受过去的影响。当然，影响他们的不止是过去的恋爱和婚姻，其他的经历也在影响着他们，所有的加起来，就决定了他们对这个事件的感受。

心理治疗很大程度上就是帮助人了解自我，了解你的内心世界，包括那些你不了解或者不愿意了解或承认的部分。精神分析认为，当潜意识被意识了解了，它的能量就减弱了，即使仍然有影响。当你知道了自己为什么会那样，就不会那么害怕了，用句专业词汇就是防御机制就不会那么强烈了。所以，心理治疗，是帮助与自我的和谐相处，以达到己合之目的。心理治疗又是需要时日的，在治疗师的帮助下一点点地了解和接受自己，最后有个比较彻底的领悟。很多来访者都深深地体会到己合的重要性，而己合后所释放出来的创造力和心理的平和及平衡，对他们的事业和生活都有着良好和久远的良性促进。

认识自杀征兆，预防自杀发生

自杀经常和忧郁有关，特别是当社会支持资源缺乏的情况下。有忧郁症或心理问题请及时就诊，这里是一些常见的自杀危险征兆，如果发现您身边的人有自杀危险，请帮助她（他）寻求帮助。

1. 行为改变

（1）情绪变动或不稳定。

（2）极乐观的人际关系转变为消极退缩。

（3）冷漠或缺乏活动，如放弃原有重要的良好习惯。

（4）睡眠与饮食习惯的改变，如缺乏食欲或暴饮暴食，失眠或昏睡。

（5）希望的东西提早取得。

（6）一心一意占有的事物放弃不要了。

（7）撂下狠话，非达目的不可。

（8）行为突然改变，如沉默寡言的孩子突然聒噪不安，亲切活泼的学生变得闷闷不乐。

（9）喜欢做些高危险性的活动。

（10）在谈话或是书写资料中出现死亡或毁灭的字眼。

（11）经常梦魇。

（12）最近的失落，经历家人死亡、离婚、分离、破碎的关系，或是失掉工作、金钱、地位、自尊。

（13）失去宗教信仰。

（14）动摇、慌张不安。

（15）侵犯、鲁莽。

（16）学校成绩一落千丈。

（17）逃学情形严重。

（18）教室捣乱行为增加。

（19）可能在学校或放学后与"狐群狗党"嗑药或酗酒。

2. 语言信息

部分感觉自我挫败的青少年多少都会在语言上暗示其生命的无常与难于掌握，或没有继续生存的价值。如果青少年常提到下列的话语：

①真不晓得如何活下去！

②真想挂掉算了！

③我的问题只有一种方式可以解决。

④我在此已经为时不长了。

⑤活着真累。

⑥这样对待我你会后悔的。

⑦我的问题很快会过去的。

⑧没有人关心我的死活。

以上这些话都是一种暗示，甚至是表明了自杀的意图。自杀青少年常谈论死亡、死后的世界，并相信已经死亡的朋友的一些观念。有时也会开自己玩笑，很多玩笑所带来的信息可以认定是一种明确的自杀警讯。为了想获得别人的帮助或想知道别人的可能反应，青少年可能直接威胁要自杀。语言上的信息要慎重处理，不能只认为是人生的必经"阶段"，青少年自己会安然度过。对于青少年的语言警讯或直接的自杀威胁未能适当地处理可以认为是在确认青少年的无价值感、被遗弃感，或没人爱的感觉。上述感觉只是徒增青少年的自杀危机。

3. 情绪感受

（1）无望感——觉得"无法更好""任何人都无能为力""我总是如此感受"。

（2）害怕失去控制、发狂、伤害自己或他人。

（3）无助感、无价值感——觉得"没人关心我""除了我，每个人都很幸福"。

（4）无法抵抗的罪恶感、羞耻、自我怨恨。

（5）充满悲伤。

（6）持续性焦虑或愤怒。

4. 其他征兆

（1）曾经企图自杀过。曾经企图自杀过的人，有很高的可能性，会再度企图自杀。

（2）有明确的自杀计划。青少年如果告诉别人，他想何时，在何处，如何自杀，可以说他自杀的危险程度极高，必须给予紧急的协助。可以要他对自己承诺不自杀，使他无法接近自杀用的武器或道具，指定家人或朋友随时看顾，以便保护他的安全。

（3）家庭当中曾有人自杀过。自杀是一种模仿的行为，如果家庭无意识地默许自杀行为，我们对于青少年便要提高警觉。

（4）对于改善痛苦的生活或处境，无能为力的青少年会觉得十分无助、绝望。这种感觉越强烈，越值得注意。

（5）突然把个人有价值、有纪念性的物品赠送他人。有时青少年会同时表示："我已经不需要这些东西了"，"我要去一个遥远的地方不再回来"，或者请托别人照顾他的家人或宠物等。这些都是值得警惕的自杀行为的信号。当青少年有上述多种行为症状时，显示该青少年企图自杀危险程度相当高，需给予及时的协助与辅导。

成功者的脚印——与成功相关的心理素质

这几天关于成功的话题时不时地都会出现在脑海里。什么造就了有些人的成功呢？从他们的经历中，我总结出来这么几点：

自信和坚持精神。从成功者的脸上，都能看到自信的光辉，他们也大都谈到从创业到成功克服种种困难都不放弃的经历。印象最为深刻的是那个开干洗店的单亲母亲王桂香，她瘦小的身躯绝对放射出伟大的母性光辉和不一般的坚毅精神。

家庭和社会支持。几乎每个成功者都会特别地感谢配偶、家庭、朋友或团队的支持。除了具体的人力和财力的支持，我想精神和心理的支持在其中所起的作用可能更为重要。心理的支持可能包括理解、同理心、倾听、鼓励、作为精神支柱的存在和动力等。

丰富的专业知识。我们常说干一行爱一行专一行，就是说对所从事的工作和事业有一定的热情，因此在学习和钻研中能获得乐趣，这样就能将这一行干好。成功者，显而易见，也都是所在行业的佼佼者。无论干什么，知识和经验都并重，虽说机遇同样重要，但光说不练机遇来了也没有能力抓住。

能克服阻力和困难不断学习和进取，除了智力的要求外，对心理素质的要求也显而易见。因此，成功需要智商、情商和社会/家庭支持的共同作用＋机遇。

一定的冒险精神。创业需要一定的冒险精神，当然这种冒险并不是盲目地冒进，而是建立在对市场和行业的了解和调查的基础上，也许初期的投入受益不大，但如果不冒险试一下可能也就和成功失之交臂。以获得创业奖的严先生为例，他买下标签厂的初期，每天都要亏损一万美元，但经过他的经营调整和坚持，最终反亏为赢，业绩不知翻了多少倍。

出色的能力。每个人的能力和特长都有不同，但每个人各方面的能力不是平均的，有的人在某一方面可能较好，另一个人在另一方面较好。如果能将自己擅长的那方面的能力和自己从事的事业结合起来，那就比较理想了。比如许多成功者出色的口才令人印象尤其深刻，可以想象这种表达能力对他们的事业肯定帮助匪浅。

良好的情绪管理能力和反弹性（resilience）。在成功的道路上不遇到困难是不可能的，不遇到挫折也是不可能的，还有他人（家人）的不理解、别人的歧视、嫉妒等。因此，除了成功的喜悦，一些负面的情绪，比如挫折感、低落的情绪、愤怒的情绪等也会伴随其中。因此，调整、克服负面情绪的干扰，进行情绪管理，也是至关重要的，而情绪管理的能力则是需要从小培养并随着岁月、经历和阅历不断地调整和改变。情绪管理能力的差异有一定的先天因素，但后天的培养也起到很大的作用。行为受情绪的影响大，即对负性情绪的接纳能力差，不知如何处理负性情绪，或通过破坏性的方式发泄情绪。其实负面情绪人人都有，但负性情绪也有其积极的方面，比如它们可以是我们给自己或他人给我们发出的某种信号，告诉我们有些东西需要调整和正视。当然，对情绪的管理也包括在必要的时候寻求外界的帮助。

反弹性指人们从挫折、创伤和负性情绪中恢复的能力。人的反弹性是有个体差异的，有人研究发现，当一个灾难性时间发生在一个人群中，有的人在数小时内就可以恢复正常心理功能，有的人则需要相当长的时间，甚至会发展成严重的创伤后应激障碍。近来对反弹性的重视有所增加，因为反弹性是预测人从心理创伤恢复的一个重要因素，而培养一个人的反弹性，则有着不言而喻的好处。对于这些成功人士，相信他们有着良好的心理反弹能力，即遇到挫折后能够整装待发的能力。

它重要吗？没有它可以吗

在许多的婚姻辅导和咨询中都涉及性的问题。性的问题可以是婚姻问题的起因，也可以是婚姻问题的结果，这里性的问题既包括婚内无性，也包括婚外性。

常言道："食色，性也。"最通俗的解释就是吃饭和性要求是正常的需求，没什么大惊小怪的。可是，为什么性在带给人快感的同时，有时又让人这么痛苦？无性婚姻给当事人带来的痛苦，仅仅是因为生理的需求得不到满足吗？生理的满足当然重要，但是痛苦的原因还因为在社会文明的发展过程中，性承载着很多文化、道德和其他的含义，还有很重要的一点，性和人的自尊紧密相关，比如很多骂人的话都和性相关，要贬低一个人，性也是最有力的武器之一。

我们知道，在现代社会，通常来讲两个人的关系发展到一定阶段，才会结婚。结婚以后，就相当于两个人相互有了承诺。这种承诺，不但包括生活中的相互照顾和承担共同的责任，比如抚养子女，也包括在性方面相互忠诚的承诺。而且，所谓两个人的关系发展到一定阶段，也包括相互对对方肉体的接纳和欣赏，以及将对方作为欲望的投射和释放对象，是对对方完全无保留的接纳和赞赏（从理想的意义上来讲）。在两个人发生性关系的时候，也是将自我充分地展示给对方的时候，包括自己不完美的地方。发生性关系的时候，也是一个人最大限度地解除防御的时候，心理和生理的状态也使得人丧失了防御能力，也可以说是最容易受伤害的时刻。

所以，试想想，你的婚姻配偶，一个曾经和你山盟海誓、水乳交融的人，有一天对你完全失去了兴趣，再也不愿碰你的肉体，或者出轨和其他人有了性关系，这对人的自我是多大的打击呀！这种痛苦并不仅仅是生理需求得不到满足而造成的，其中包含着太多的心理因素！当事者是否能够走出这种痛苦也和他（她）过去的经历、自身的资源、社会支持等有关。当然这里也不能把另一方一棒子打死，她（他）之所以对对方失去兴趣，或出轨，也一定有其心理的很多东西需要探索。

所以，在婚姻中性有时候确实很重要，在没有它的时候也确实会带来伤害。

成长的烦恼

　　近期一连接了好几个青少年的个案，都是高中或大学的学生，而且都和上网、厌学、社会交往困难有关。也有不少家长来电话咨询有关的事情。

　　青少年时期是一个特殊的时期，在这个时期的孩子，无论生理和心理都发生很大改变。生理上，他们经过青春期发育，女孩子出现乳房发育、月经来潮，男孩子出现胡须、喉结、遗精等，其他的还有比如粉刺、生育能力的形成和成熟等。随着生理的改变，心理上也处于孩子和成人的过渡时期，自我意识增强，非常在意自己的形象和在别人眼中自己的形象，对于自己的能力处在探索和定位阶段，除了会问"Who am I?"的问题，还在进行自我认同的探索以及探索自己将来要成为什么样的人。随着身体的成长，社会和家庭的要求和神经系统趋于成熟，他们具有了独立的需求和愿望，但同时还离不开父母的照顾和指导。这时候，他们可能愿意和父母拉开一定的距离，父母对孩子的影响日渐减小，而同伴对他们的影响则日渐增强。这种心理和发育的独立需求则可能被有些父母看成对他们权威的挑战，或者害怕会失去控制。

公平地说，孩子们在青春期的过程也很不容易，面临很多挑战。由于青春期是孩提时期和成人的过渡时期，该时期的重要性显而易见。又由于这个时期对于孩子的未来是非常重要的准备时期，比如要升学、选择将来的职业、就业等，除此之外，这个时期也是他们社会能力发育的重要时期，比如同伴关系的发展、开始和异性建立恋爱关系等。这些关系的发展是否顺利对将来，即成年后的社会适应都非常重要，因此，在这个时期，父母和孩子都容易产生焦虑。

青春期孩子的发育有其共性，但具体到一个家庭和个人又各有其特殊性，因此，必须具体个案具体分析。比如有个家长询问她的孩子除了上学都是待在家里，也不参加学校的活动，对问题的看法偏激，排斥其他族裔的人，等等，想知道孩子是不是有心理问题了。上述这个孩子的情况也是我在临床经常碰到的，要想知道这是否已经成为问题，首先我需要知道：

（1）这种情况已经持续了多长时间。

（2）孩子的过去常态怎样。

（3）孩子自己是否为这件事苦恼或痛苦？

（4）是否给他人造成痛苦？

（5）孩子的功能状态是否受到影响？比如，学校表现或学习成绩？

（6）孩子的成长经历。

（7）其他相关的问题，比如家庭环境和学校环境——同伴压力、同伴欺压等。

必须经过详细会谈（通常不止一次的交谈）才能够比较清楚地了解情况，然后才能帮助他们。因此，当家长或孩子打电话咨询时，我会建议他们过来面谈。常言道"名医不谈药，名将不谈兵"，也就是说没有经过仔细的"望、闻、问、切"，即使名医也不敢断言一个人的病是如何如何，应该如何如何。妄下断言往往是江湖医生对自己医术不自信又想吸引人眼球的表现，也是不负责任的表现。因此心理治疗师需要时刻提醒自己要有谦虚谨慎和认真负责的态度，不敢妄言，最多只能说可能怎样。比如上面的这个例子，这个孩子也许只是在寻求一个自我认同，也许是更严重心理或精神问题的表现，只有见过他才能知道。上面那个母亲可以对照上面的问题先自我诊断一下，如果真有必要我还是建议寻求专业的帮助。心理和精神的问题和其他疾病一样，早期诊断和早期治疗是非常重要的。

工作场所欺压

A 为专业人士，移民后，因为国内医学执照得不到承认只好做护理工作，A 工作认真，能力出色，受到同事嫉妒，一次在被同事误解后，其上司偏袒其同族裔的同事，对其进行打击甚至责罚。A 因此情绪大受影响，失望、愤怒、挫折感、感到生活无望，严重失眠，经常难于控制地流泪。

B 担任某公司的一管理人员数年，三十几岁，年富力强。移民加国多年，在加拿大受教育，所以没有语言和文化障碍，平时工作出色。当 B 的顶头上司离职以后，本来 B 理所当然地应当接替这个职位且被安排承担该职位职责很长时间，但就是不给相应的职位。后来公司从外部招了一个根本没有经验的白人来填补这个空缺。由于此人没有经验，部门业绩下滑，但由于该人和上层关系好，却仍然得到提升。B 变得看破红尘，本来很开朗开始变得有时难于控制情绪，对人和事都有很多负面的看法，因此影响了和家人及朋友的关系，这对 B 的情绪又形成恶性循环。

C 在某大公司任职数年，工作开心，同事关系融洽，但有一天 C 预订的会议室被另外一个负责较大项目，职位稍高的同事没和 C 及 C 所在项目的任何一个人打招呼就划掉 C 的预订，致使已预订好的第二天的会议无处进行，工作受到严重影响，而那个人还反过来指责别人。虽然所有的上司都认为那个人的行为不对，却没有一个人愿意站出来为 C 说话。C 感到非常气愤、无助，情绪和睡眠都受到严重影响。

这种例子不胜枚举，手头就有 15 个忧郁症和焦虑症的个案和工作场所欺压和歧视直接相关，这还不包括其家人和配偶经历工作场所欺压和歧视而引起的婚姻（配偶）关系问题和焦虑及抑郁。

什么是工作场合欺压和歧视呢？我做了一些研究，在美国、加拿大、英国、澳大利亚等国对此都有解释和定义，虽具体叙述略有差异，但其概念都很接近。这里是我从 Australian Human Rights Commission 的网站（http：//www. hreoc. gov. au/info_ for_ employers/what. html）找到的定义，我认为是最简洁和明确的定义。

什么是工作场所欺压？

欺压行为范围很广，从明显的身体或语言攻击到隐性的心理虐待形式多样。具体包括：

（1）身体或语言攻击。

（2）怒吼、呵斥或攻击性言辞。

（3）排挤或孤立。

（4）心理攻击。

（5）疏远。

（6）布置与工作无关的无意义的任务。

（7）分派无法完成的工作。

（8）制造难题。

（9）贬低工作成就。

下面是维基百科对工作场所欺压的定义：

（1）不公平的对待。

（2）公开的羞辱。

（3）用解雇来威胁。

（4）任何形式的贬低。

（5）把你所做的事归功于自己。

（6）升取和培训机会的不公。

（7）批评很快，表扬很慢。

（8）抹杀个性。

（9）散布恶意的流言。

（10）抹黑。

（11）排挤。

（12）身体攻击。

工作场所欺压和歧视并不罕见，反而是相当普遍的现象。美国 Workplace Bullying Institute 在 2007 年的调查（2007 WBI – Zogby survey）中发现，13%的美国现有雇员在工作场所受到欺压，24%的雇员曾经经历工作场所的欺压。几乎一半（49%）的美国雇员，曾经受到工作场所欺压的影响。或自身经历欺压，或目睹同事受到欺压。2008 年，Judy Fisher – Blando 博士的研究（on *Aggressive Behavior*：*Workplace Bullying and Its Effect on Job Satisfaction and Productivity*），在参加调查的人群中，75%的人受到工作场所欺压的影响。

工作场所欺压是一种攻击性行为，严重影响受害者在工作场合的尊严。工作场所欺压大大地增加了员工的压力，会严重影响受欺压员工的健康。会对受害者形成严重的精神负担，影响受欺压者的自尊，进而造成抑郁、焦虑、睡眠障碍和躯体健康，甚至失去工作。有些受害者表现出创伤后应激障碍的症状。慢性疲劳综合征则是另一种常和工作场所欺压有关的表现。很多受害者都因这种具有破坏性的经历感到绝望、不知如何应对，情绪和功能受到严重损害。世界著名的研究者海斯·雷曼（Heiz Layman）说工作场所欺压是一种心理恐怖行径（terror）。著名的爱尔兰研究者杰西塔·基特（Jacinta Kitt）相信欺压是一种心理折磨（torture），这种对受害者造成严重心理伤害的行为在工作场合是不应被容忍的。亚利桑那州立大学的一个项目（The Project for Wellness and Work–Life）研究表明，工作场所欺压的后果影响到个人的身体和精神健康，也会增加工作机构和社会的负担。对很多人来讲，工作是他们生活最重要的一方面，工作带来收入，赖以养家糊口，界定社会地位。更有很多人将自我价值和自己的工作联系在一起，失去工作就相当于失去一切。对于移民来讲，在一个新的国家，没有社会根基，没有家庭（广大家庭）的支持，很多人费劲周折才找到工作，要说放弃谈何容易？所以很多人进退两难，害怕改变，只好一忍再忍，长期忍受这种压力，对身心的伤害岂可轻视。这种压力和压抑无处发泄，有时又会转嫁到配偶、家人和孩子身上，由此引起婚姻关系问题、亲子关系问题甚至造成家庭暴力和儿童虐待。

工作场所欺压形成的压力（stresses）是工作场所影响健康的最强有力的压力，其负面影响包括精神健康和身体健康，致使病假次数和旷工增加。除此之外，对于目睹欺压的其他员工也会造成负面影响，比如害怕、压力增加、情绪受到影响等。那些目睹欺压的员工为了避免自己受到欺压，会选择辞去工作。工作场所欺压也会对工作场所的氛围造成负面影响，比如影响到员工的团结、交流和整体的工作表现和业绩。埃德蒙·伯克（Edmund Burke）说，那些邪恶的欺压者想得到的胜利就是让好人做不成任何事情。

由于长期受到欺压，个人自信会受到严重影响，一个人这样说："（我）在前后的变化是非常大的。现在我就像受惊的兔子，害怕见人，无法和人进行目光接触，别人说话的声音稍大一点我都会非常敏感。乍看上去，人们会想：怪不得她受欺负，她连一点自信都没有！说的对，但这不是'真正的'我。我受的创伤使我变成了这个样子。"人们往往会被误导，因为工作场合欺压造成的创伤可以是突然或持续的，可以是令人难以承受的，在这样的压力下，由于上面所说的各种原因，受害者不知所措，变得非常无助，有时难于控制自己愤怒的情绪，所以给人这样一种印象，好像她（他）就是这样的人，好像错在他自己。这种情况也常见于学校欺压（school bully）、儿童虐待、配偶虐待的受害者。上面例子的症状是创伤后应激障碍（PTSD）的症状，可能需要数年的时间来恢复。

综上所述，工作场所欺压/歧视/骚扰（这里重点谈了欺压）是相当普遍的，其影响也是相当严重的。如果您感觉自己是工作场所欺压的受害者，而且心理、精神、身体已经受到影响，应尽早寻求帮助，以减少伤害造成的严重影响。

父母的"爱"及对孩子一生的影响

《动物星球》（*Animal planet*）上，一个豹子正在细心地照料着它的小豹崽，其温柔、慈祥的神态，令人动容。为了避免它的孩子受到伤害，几易其藏身之处。使我想起一个话题——父母之爱。

这里有两个故事，都是最近从互联网上看到的。一个是"暴走妈妈"令人感动的母爱。一个母亲为了救先天性肝变性的儿子，每天暴走十几千米，终于使自己的脂肪肝消失，达到可以为儿子进行肝移植的正常肝的标准。这其中包含的是母爱、毅力和舍身忘我的精神。为了救自己的儿子，甘愿冒生命的风险，体现了无与伦比的伟大母爱。

另一个是三个孩子被父亲虐待的故事。说的是三个孩子长期受父亲的虐待，全身伤痕累累，血迹斑斑，饥肠辘辘，赤身裸体，家里就像刑场一样。当这三个孩子被解救出来送到当地的福利院后，发现他们居然只吃面条，从来没有吃过面包。后来，当地派出所为了给孩子安排今后的去处，决定把孩子送给他们的爷爷抚养，而他们的父亲听到这个决定之后的第一个反应就是反对，理由是他自己就是被他父亲这样打大的。遗憾的是这三个孩子最后还是送给了爷爷抚养，令人的心又不禁悬起来——孩子和这样的一个爷爷生活，那不是刚出虎口，又入狼窝？

我们都认为父母对孩子的爱是天生的。人说"虎毒不食子"，鸟妈妈，喂小鸟和反哺，鸭妈妈领一只小鸭子，象宝宝依偎着象妈妈，好像一切都是本能，天生的，其乐融融，温馨和谐。

那么为什么有的父母会虐待孩子呢？我想原因可以大致归纳为以下几方面：

精神障碍和人格障碍。忧郁症患者心情大都不好，对有些刺激比较敏感，容易被激惹。具有冲动/愤怒控制障碍的人，当被刺激的时候，难于控制自己的冲动，往往做出不理智的事情，尽管事后常常后悔，但伤害已经形成。还有就是反社会人格特质，有这种人格特质的人往往比较冷血，缺乏怜悯之心，无法体会别人的痛苦。另外，当一个人自身没有安全感，或者自卑，也往往怕别人反对自己，控制欲比较强烈。

压力过大。压力对人的影响是多方面的可以影响人的生理、心理和行为。当人的压力过大时，就有可能将压力和怨气转移到他人身上。孩子作为身边的弱者，往往成为受害者。压力可以是经济压力、工作压力、人际关系压力等。

婚姻不合，怨气转移。婚姻关系是人际关系的一种，一种特殊的人际关系，和其他心理因素纠缠到一起，也往往殃及孩子。

自己曾被虐待。按说自己曾经被父母虐待的人，饱受虐待之苦，一定不会虐待自己的孩子了吧？当然，这种情况是有的，从自身经验/经历吸取教训。可是在心理学上有这样一种现象叫做认同施虐者（identify with the abuser），最终自己也变成了施虐者。其中的心理学原因比较复杂，但习得行为是其中之一，就是说，他是这么被教养大的，他从父母那里学习来这种方式，也因为他自己不知道或不知如何运用其他的方式，因为他没有被用其他方式对待过。

无论哪种原因，最好及早发现并寻求心理帮助。

孩子和父母的关系是非常重要的，其影响深远，可以影响到孩子的一生。从心理学上来讲，早期和父母建立的依恋关系非常重要，而且这种依恋关系的模型在很小的时候就已经形成，并很可能奠定一生人际关系的基调，影响到孩子和他人的关系、自我安全感和对他人的信任。安全的依恋关系，使孩子终生受益，非安全的依恋关系或混乱的依恋关系，可能使孩子长期挣扎，除非他有幸在一种亲密关系中得到充分补偿和修正。

孩子和父母的关系，影响到孩子对自我的感觉和自信。记得有个女病人，非常美丽优雅，但因为小时候母亲总是批评她某某地方长得不完美，所以她总感觉自己很丑，没人喜欢自己，非常胆小并有社交焦虑。受虐的孩子更会觉得自己不好，不讨人喜欢，所以父母才打自己，会在自责和愤怒中挣扎。

受虐的孩子，晚期还会有较高的精神疾患发病率或发展成人格障碍。由于长期的心理挣扎，还可能用酗酒或吸毒麻醉自己或者用自残的方式来解脱内心的痛苦。也可能变得仇恨社会，有报复心理、自暴自弃等。另外，被虐待还可能影响孩子身体发育和智力发展。

对孩子的虐待不仅仅身体虐待才叫虐待，还可以是心理虐待、性虐待和严重疏忽。其虐待者除了父母，还可能是祖父母或其他亲近的人，或父母的朋友、邻居等。

当孩子在襁褓当中的时候，当你抱着那个小小的身体的时候，父母通常有很多关于孩子的美好憧憬，憧憬孩子会怎样怎样，总之有出息才好。但是，孩子长大以后，总是不可能完全满足父母所有的期望。所以父母的关爱、接受和接纳，还有鼓励和认可都是非常重要的。如果问我到底什么是父母之爱？那么就是这些，当然，照顾孩子的衣食住行，教育和教导，责任，都是父母应该做的，特别我们中国的父母都孜孜不倦地做着这些事情，任劳任怨地为孩子做出牺牲。那么让孩子知道，无论她（他）怎么样，你都会依然爱他（她），关心她（他），接受她（他）吧。无论他成为总统总理，科学家医生律师教授，还是普通人，你都爱他（她）。可能会说，我当然爱我的孩子，没有人比我更爱。是的，让她感觉到你的爱，不是怨恨，不是嫌弃，不是愤怒。

还记得那个节目的最后，当小豹子长大一点，妈妈豹子就故意和豹崽保持一定的距离，让它们逐渐适应独立的生活。当孩子大一些，就有了独立的愿望和需求，让自己拉扯大的孩子离开自己是不忍的甚至是痛苦的，但是，有时候，放手也是一种爱。

为什么羞愧常和性相联系

那么羞愧到底指的是什么呢？它是怎样发展起来的？性和羞愧有什么样的关系？

这是我搜索到的关于羞愧的定义之一：

1. 一种负面的情绪，包含受侮辱、没价值和尴尬等（negative emotion：a negative emotion that combines feelings of dishonor, unworthiness, and embarrassment）；

2. 丢脸或出丑的状态（state of disgrace）；

3. 某些人或某些事使某些人感到羞愧（cause of shame：somebody or something that causes somebody else to feel shame）。

从这个定义中可以看出，羞愧首先是一种负面的情绪，是自我体验到的一种负面的情绪状态。

羞愧是当意识到自己的真实自我（ego）和理想自我（ego ideal）的差距时产生的一种情感。自己的表现和理想的表现有差距而且被人看到了这种差距时产生的。羞愧是自我在没有实现理想自我（ego ideal）时产生的；是一

170

种不足感（sense of inadequacy）（Pajaczkowska and Ward, 2008）。对羞愧的直接反应就是掩盖或躲藏。羞愧是一种非常痛苦的感觉，它可以突然产生，并在很短的时间内达到非常强烈的（overwhelming）的程度。

为什么性常常和羞愧/羞耻相联系呢？让我们看看在性活动，特别是在性交时发生了什么？正常情况下，双方会裸体相向，没有了衣服的遮蔽和保护。不但身体完全地暴露于对方的注视之下，身体和情绪也开放给对方进行最亲密的探索。而且，在性高潮来临的时候，身体和情绪似乎都失去了自我控制，完全不再有任何伪装（除非是伪装的性高潮。那也许是羞愧的另外一方面）。雅各布森（Jacobson, 1964）认为，羞愧反映一种失败，或整体自我/自体的缺陷（a failure or defect of the whole self）。对于自我，根据学科不同，定义也不同。在心理学和精神分析理论中，对自我的认识也有所区别，但无论你认为 self 是 I 还是 me 或者把自我与 ego 等同与否，有一点共识好像都认为自我指的是一个人的整体。我们的身体是我们整体的一部分，更不用说身体以及身体的反应还和复杂的心理甚至社会因素纠缠在一起。所以，可以说，当性交时，暴露给对方的是你的整体——优点和缺点，骄傲的和自卑的，统统暴露出来。所以，也是最最脆弱的、极易产生羞愧的时刻和最容易受攻击的时刻。

因为我们前面说过的种种原因，性是常见的感到羞愧和羞辱人的一件事情。周而复始，更加重了性和羞愧的联系。所谓污名大概就是这样产生的。菲尔·莫伦（Phil Mollon, 2008）说："无论看起来多么性开放的文化，性始终是令人难堪和困惑的话题。"（Phil Mollon, 2008）虽说现在中国在性观念开放和自由方面与几十年之前不可同一而语，但莫伦的这句话大概同样适用于中国的现状。

这里必须要提到的是强奸对受害者带来的耻辱。强奸的发生远比表面看起来的普遍，可以说，报告警察的可能只是"冰山一角"。美国的一项调查

（1992）发现，在4000多被调查的妇女中，每8人当中就有一位曾经是强奸的受害者。几乎一半的受害者，被强奸一次以上。几乎1/3的受害者被强奸时小于11岁，60%的受害者被强奸时小于18岁。84%的强奸没有报告警察。Kilpatrick & Resnick（1993）的调查则发现23.3%的妇女曾经历完全强奸（completed rape），13%的妇女经历过多次强奸。这么多的受害者，而强奸又是对人伤害那么大的事情——强奸受害者可能是创伤后应激障碍患者中最大的人群（Foa & Riggs，1993），却这么少的人向警察报告，为什么呢？因为羞愧。Allen（1999）认为，任何可导致负面自我形象（self-image）的事情都可能触发羞愧感，包括虚弱感、肮脏、缺陷、被暴露、弱小、愚蠢、无助、失控、受损伤、没人爱和不可爱等。那么被侮辱会触发上述哪些负面感受呢？几乎所有，不是吗？强烈的羞愧感，不光是受辱者，或许（其实很常见，见本文的其他例子）她的家人都可能产生强烈的羞愧感。不但羞愧，受辱者有时还会产生罪恶感（guilt），因为她们会感到自己做了违犯其道德标准的事，尽管当时是被迫的，特别在特别强调贞操的社会。如果一个人备受羞愧和内疚两种情感的折磨，她会将这件事公之于众吗？所以她不但要默默地承受所受的创伤，还要受这两种情感的折磨。

中国有句古话"食色，性也"。通俗的理解就是食欲和性欲都是人的本性。既然是大众的理解，也就代表大多数人的理解。既然如此，为什么性如此和羞愧相关，而吃饭则不呢？吃饭是一种大众行为，而性则是一种私密行为，但动物则可公开性交，因此，人类的性观念还是文明化的结果，或者说是对性进行控制的结果。婚姻是对性调控的最直接产物。婚姻之外的性大都是被禁止的。异族不可通婚，不同宗教信仰不可通婚等限制。就在2007年，一名17岁的伊拉克少女，因为和不同宗教信仰的男子恋爱，被用石头活活砸死。至于通奸，更是严加禁止。不难找到历史上对通奸的严厉惩罚。比如古朝在通奸妇女脸上刻字，古罗马对通奸妇女的流放，古代中国的木驴和幽闭刑罚，还有贞节带。伊朗2002年才废除用于对通奸妇女的石刑。这些刑罚的目的，当然是行威慑功能，同时最大限度地羞辱胆敢违犯社会规定的当事人和起到杀鸡儆猴的目的。

还有禁书，中国的《金瓶梅》，外国的《查泰莱夫人的情人》，大都因为有露骨的性描写。这是文化传播方面的控制。古今中外都有。

通过对服饰的成文及非成文的规定大概是对性的最温和的控制。在中国的古代服饰中，唐代的服饰公认为最能表现女性的特征。随着中国性禁忌的发展，服饰中对性特征的强调越来越模糊，到了"文革"时期，全国上下军装一片则完全消除了性别的服装差异。那个时候，如果说一个人"作风有问题"，基本上就对其政治前途判了死刑。"衣着暴露""袒胸露背"等是描写"坏女人"常用的字眼。现代的中东地区的一些国家，对妇女的服饰仍有严格的要求。Hijab 是中东一些国家要求妇女外出要穿的一种服装，一种从头到脚完全盖住而且宽松的服饰，是完全掩盖妇女特征的一种服饰。另外，欲盖弥彰似乎无论如何也不适于文革服饰和 Hijab。这样做的其中一个借口就是出于保护女人的好意。很熟悉是不是？

所谓道德也就是在这种不断的控制和教化中产生的，它一点点地被人接受，慢慢地被人内化（internalized）成为行为准则的一部分。性和羞愧也是这么联系起来的。道德内化的结果，就是人会自动地产生羞愧感，不再需要外界的强制。就在不久前，中东某国家制定一法律——就是女性外出需要征得丈夫的批准。西方国家认为这是对妇女人权的冒犯，在舆论上对那里的妇女进行支持。可是，在加拿大记者的采访中，一些中东妇女却认为这种法律是合理和应该的，对之进行合理化。回到性上来，一些人的性功能障碍，是和他们的性观念相关的。性冷淡和性快感的缺乏（在女性多见）和抑制、性是肮脏的、令人羞愧的观念相关，也是不争的共识。

性和羞愧的关联是因为性本身的生理和心理的特殊性，以及社会和文化对之的强化。另外，羞愧其实是人类的一种正常情感，避免羞愧是人类行为的一种强有力的动力。只有当羞愧过于强烈和反复发生的时候，才会产生问题。不知羞耻（shameless）则是更复杂的问题，但不可否认的是它所含有的防御功能（Yorke，2008）是一种反向形成（Reaction formation）。

婚姻是什么？——买衣服 or 拌沙拉

十几年前，在一个工作坊的间隙，和一群心理治疗师一起用餐，谈起当天学习的内容——婚姻和家庭疗法，一个坐在我旁边有着复杂婚姻经历的朋友兼治疗师问我："你怎么看待婚姻？"当时虽还是"年少轻狂"，但刚刚经历过感情生活最大挑战的我正将沙拉送往口中，听到他的问话，犹豫片刻，将内心的酸楚和着沙拉一起咽下，然后竟老气横秋地说："婚姻其实就像这盘沙拉。"

我的回答显然出乎他的意料。也许他的问话本身就有戏谑的意思，期待我会给出一番罗曼蒂克的高论，然后好重重地打击或教育我一番"少年不知愁滋味"的妄想。他诧异地问："That'sit?"我说："是的。"然后给出一番宏论：

"你看，两个人就好比两样蔬菜，有不同的颜色、形状、味道、质地，来自不同的农场，有着不同的生长土壤，得到不同的阳光和雨水，经历不同的风吹和日晒，施予不同的肥料和农药，有着不同的生长周期。当两种蔬菜被放到一起，并不能保证成为一盘美味的沙拉。要想变成一盘美味的沙拉，还需要什么？还需要加工并放入合适的调料。而且并不是随便两种蔬菜放在一起都可以做出美味的沙拉，还必须搭配得当。你看这不像婚姻吗？并不是两个好人就能保证一个好的婚姻，这里有太多附加的因素。而且即使各方面都契合良好，生活在一起也需要两个人不断地经营和爱护它，就好比放入合适的调料，让它保持美好的味道，如果漫不经心，不小心放入不合适的调料，则会变得苦涩难咽，又弃之可惜，因为你在建立婚姻的过程中已经投入了很多，特别是当它已经成了你惯于用来充饥的唯一食物，没有了这盘沙拉，可能就要挨饿，至少暂时会挨饿。而且，再换一盘一定会更美味吗？"

今天看了思想家于丹关于"结婚其实和买衣服没什么区别"之大俗大雅的结论，唤醒了我这遥远的记忆。于丹强调在结婚找对象之前要认清自己是什么元素。

私下认为人这一辈子最难的事情就算认识自己了（所以需要心理治疗师存在）。有人可能要说认识别人不是比认识自己更难吗？当然认识别人并不容易，但要是站在一个比较中立的立场，对方又愿意十分坦诚地披露自己，再加上有些心理学的知识，认识他人反而没那么困难。认识自己难在自己会有一些盲点，就是说难免会有些东西自己都不想看清楚或根本自己就看不清楚，或者潜意识里有些东西自己根本就不知道。认识别人难在不能中立，所以也就会产生盲点。两个人共同生活，一个锅里吃饭一张床上睡觉，一起买菜买冰箱买房子买汽车，一起吵架一起流泪，还时常交换体液一起生孩子，这样的两个人有办法中立吗？因此在婚姻中不但认清自己难，认清对方也难。

人说婚床上不光是两个人，还有各自的家庭。岂止这些，带到婚姻中的还有各自的家庭背景，各自的家庭传统/家庭文化，各自父母/家庭不同的教养方式，各自不同的基因遗传，不同的朋友圈子，不同的教育和专业，不同的工作、老板、同事，不同的需求、渴望和希冀。更有各自冰山之下的那些潜意识。结婚以后这么多的因素时时刻刻一起博弈，您说的每一句话，每一句赞美和批评，每一次情绪变化都有这些因素的参与。我说博弈，就是指您虽不可能每次都能预料哪个因素会占上风，是您的理智还是本能/潜意识？但总有一样最终会赢。

而且，事情是发展的，人是变化的，这次的调料，下次不一定合适，再说人的口味也会变化的，今天喜欢田园沙拉，明天可能喜欢恺撒沙拉。您和她/他的自我也在变化。您对自己的认识也会不断变化，今天您以为自己是 A 元素，明天遇到挫折，或许认会自己是 Z 元素呢。反之亦然。（说明一下：这里说的是比较极端的例子，大多数人对自我的认识是有连续性的。但用发展的眼光看待自己、配偶和婚姻是硬道理。）所以您要是等到自己完全看清自己再结婚，那还不得等到猴年马月。我喜欢于丹说的那句："幸福婚姻的要件：平等、包容、成长"。成功的婚姻是能够共同成长的婚姻，这其中包括要接受和包容（一定程度上。但有些东西是不能容忍的，比如家庭暴力。不止家庭暴力——每个人的容忍限度是不同的。比如有婚姻能够容忍婚外情/性，有的就不能。）

尽管婚姻可以因为各种各样的理由而存在，爱情并不是婚姻的绝对必要元素，我还是有一种不可救药浪漫观点：婚姻是不可能没有感情因素的。爱、恨、喜悦、愤怒、幸福、伤悲、无可奈何……甭管是什么，情感的纠缠是不可避免的。谁让咱们是活生生的人呢。买衣服可以千挑万选，不合适可以退还，实在不行就压在箱底抑或干脆扔到垃圾筒里了事。一个人可以有无数套衣服，但婚姻只有一个（至少现代社会的大多数国家），等到真想扔掉那一天，恐怕内心早已千疮百孔。再说有多少人能有舍弃一切的勇气而扔掉重来呢？始终穿着不合适的"衣服"的人恐怕不在少数。

所以，能共同成长的婚姻是幸运和幸福的，能接受和包容的人是可敬的，能扔掉一切重来的人是勇气可嘉的，能寻求外界帮助的人是值得称许的、积极的、有希望共同成长的，而婚姻美满的人就偷着笑吧。

完美主义之双刃剑

在临床上经常可以遇到各种各样的病人，在他们的问题中，其中共同的一点就是完美主义和完美主义的倾向。

有人可能会反驳我：难道完美主义是病态吗？追求完美应该是一种优点才对呀？没错，追求完美不是不对。人正是在追求完美的过程中进步和提高的，完美主义可以使您精益求精，您也可以看到很多成功的人士都有追求完美的倾向，比如成功的运动员、艺术家、学者和企业家。这是完美主义对人有帮助的一面。它的另一面是什么呢？

完美主义者所具有的一个共同点就是高标准（high standard）。通常，他们的高标准不仅仅应用于自身，他们不但用高标准要求自己，还会用非常高的，几乎不可能达到的高标准（unrealistic standard）要求他们的配偶、孩子、朋友、同事等。由于对自身的高标准严要求，这些人会对所做的任何事情都要求达到"完美"的程度。过分的完美要求，不但不能帮助他们完成工作和任务，反而会形成阻碍，比如会在细节方面花费过多的时间和精力，或者要求比别人做得都好，都多，因此，不能按时完成工作或任务。正是这种对自我的完美主义要求，有时又使得完美主义者害怕失败，害怕批评，而不敢承担相应的工作或任务，因而错过好的机会，结果反而落在人后。这时，他们又会批评自己，或者影响到自我价值感（self-esteem）。

完美主义者对他人的高标准严要求可能会造成人际关系方面的问题。他们的苛求和批评使他们周围的人（尤其是他们的亲人）深受其苦，久而久之，可想而知，婚姻、亲子关系、朋友和同事关系都会受到影响，当别人因此而避而远之或开始反击时，他们又会感觉到自己是个不受欢迎的人，不可爱的人。批评和自责因之而产生，自我价值感又受到挫败。

因而，完美主义在多种精神障碍中可见其踪影，焦虑症、忧郁症、强迫症（完美主义是其特征）等。临床上，可以看到很多病人饱受过分完美主义的折磨。

什么是适当的完美主义，什么是过分的完美主义呢？其实不好界定，和很多其他的精神障碍一样，如果它已经影响到你生活或工作的功能，就已经是问题了。但完美主义（并非一种临床诊断）与其他精神障碍不同的是，即使轻度的完美主义倾向，有时也会对生活和工作具有相当的影响。有研究提示，即使健康的完美主义（healthy perfectionism）者也比非完美主义者要抑郁和神经质。试想，一个成功的完美主义者，在外人看来她/他是那么风光和了不起，大家都羡慕和佩服他，但是，他自己可能仍然觉得不够完美，对自己仍然不满意，仍然不开心。

大体来说，如果你曾经问过自己："我是不是个完美主义者?"那么，很大的可能就是：Yes。

完美主义是外在的表现，造成完美主义的内在/历史原因则各不相同，它可以是学习而来，如果你父母是个完美主义者，那么你成为完美主义者的可能性则会较大。完美主义也可能是内化的一种标准，例如，有个病人，在小时候她父亲对她的要求非常高，考试必须第一名，否则则拳脚相加。现在她对自己，对他人，都具有非常高的标准，就是把她父亲的标准内化了（是原因之一）。完美主义也可能是对内心自卑的掩饰。有些病人的情况则比较复杂，需要经过长时间的治疗和观察才能了解。

完美主义的危害是多方面的，但是完美主义者除非万不得已是不会主动求助的，因为，求助就意味着自己不够完美，这正是他们难以容忍的。

完美作为一种理想可能是有益的，但作为一种标准则肯定是有害的。能够容忍不完美其实是自信和精神健康的一种表现。

精神病？精神疾病？还是心理疾病

因为最近多伦多华人社区发生的悲剧，这些天很多人打电话问起精神（心理）健康和疾病的问题。比如精神病和精神疾病是不是一回事，精神疾病和心理疾病有什么不同等。这里想简单说明一下。

精神病和精神疾病在日常生活中有时混用，但在医学上有着严格的区分。一般来讲，精神病指英文的 psychosis，是指一组具有幻觉、妄想和思维障碍等精神病性（Psychotic）症状的精神疾病。而精神疾病（mental illness）是所有精神障碍或功能不良问题的总称，除了上述的精神病还包括情绪情感障碍，焦虑障碍，等等。

下面是常见精神疾病的简单分类：

1. 情绪障碍（depression）

（1）重症抑郁（major depressive disorder）

（2）双相情感障碍（I 型和 II 型）（bipolar disorder type I and II）

（3）心境障碍（dysthymic disorder）

（4）循环性情绪障碍（cyclothymic disorder）

（5）产后抑郁（postpartum depression）

（6）其他疾病引起的情绪障碍（mood disorders secondary to general medical condition）

（7）物质滥用引起的情绪障碍（mood disorder secondary to substance use）

……

2. 焦虑性障碍（Anxiety Disorders）

（1）惊恐症（Panic Disorder）

（2）泛化性焦虑障碍（generalized anxiety disorder）

（3）强迫症（obsessive－compulsive disorder）

（4）创伤后压力症（PTSD）

（5）特定恐惧症（Specific Phobia）

（6）社交恐惧症（Social Phobia）

……

3. 人格障碍（personality disorder）

4. 性障碍（sexual disorder）

5. 睡眠障碍（sleeping disorder），可存在于许多其他精神疾病之中

6. 饮食障碍（eating disorder）

7. 物质成瘾和滥用（substance abuse and addiction）

8. 精神病（psychosis），现在也有人称之为思觉障碍

（1）精神分裂症（schizophrenia）

（2）精神分裂性障碍（schizophreniform disorder）

（3）分裂情感障碍（schizoaffective disorder）

（4）妄想障碍（delusional disorder）

（5）短期精神病性障碍（brief psychotic disorder）

（6）产后精神病（postpartum psychosis）

（7）其他疾病引起的精神病（psychosis secondary to general medical condition）

（8）物质滥用引起的精神病（substance – induced psychotic disorder）

......

从以上列举中可以看出，精神病（psychosis）是精神疾病（mental illness）中的一种，而精神疾病是包含而广的一种泛称。

再说说精神疾病和心理疾病的区别。精神疾病（mental illness）指那些人生病的严重程度达到了某种（几种）疾病的诊断标准。所谓心理疾病似乎只有中文说法，英文中没有相对应的名词。我想也许可能是人们为了让人感觉舒服一些创造的一个名词（减少精神疾病的负面含义）。另一种可能就是想把那些没有达到诊断标准的轻度症状的患有者归入这一类，但我觉得心理障碍这个名词似乎更贴切一些。如此看来，患有精神疾病的人，很可能有这样或那样的心理障碍，但有心理障碍的人（所有人都有）不一定都可以诊断为心理疾病。